智能建筑施工与管理技术探索

李　欣　著

吉林科学技术出版社

图书在版编目（CIP）数据

智能建筑施工与管理技术探索 / 李欣著. -- 长春：吉林科学技术出版社，2024. 6. -- ISBN 978-7-5744-1437-2

Ⅰ. TU745；TU71

中国国家版本馆 CIP 数据核字第 20240JU148 号

智能建筑施工与管理技术探索

著　　李　欣
出 版 人　宛　霞
责任编辑　袁　芳
封面设计　树人教育
制　　版　树人教育
幅面尺寸　185mm × 260mm
开　　本　16
字　　数　330 千字
印　　张　14.875
印　　数　1~1500 册
版　　次　2024 年 6 月第 1 版
印　　次　2024 年10月第 1 次印刷

出　　版　吉林科学技术出版社
发　　行　吉林科学技术出版社
地　　址　长春市福祉大路5788 号出版大厦A 座
邮　　编　130118
发行部电话/传真　0431-81629529 81629530 81629531
81629532 81629533 81629534
储运部电话　0431-86059116
编辑部电话　0431-81629510
印　　刷　廊坊市印艺阁数字科技有限公司

书　　号　ISBN 978-7-5744-1437-2
定　　价　90.00元

前　言

在当前的信息化时代，建筑施工与管理技术的智能化已经成为一种不可逆转的趋势。智能建筑施工技术通过运用先进的传感器、物联网、大数据等技术途径 ，实现了对施工过程的实时监控、精准控制和优化管理，大大提高了施工效率和质量。同时，智能建筑管理技术通过集成化的信息平台，实现了对建筑全生命周期的信息化管理，提升了建筑运营的安全性和可持续性。

然而，智能建筑施工与管理技术的发展并非一帆风顺。在实际应用中，我们面临着诸多挑战与问题。例如，如何确保智能施工系统的稳定性与安全性？如何有效整合各类信息资源，实现信息的共享与协同？如何培养具备智能建筑施工与管理技能的专业人才？这些问题都需要我们开展深入的研究与探索。

本书正是基于这样的背景与需求而诞生的。我们希望通过本书的撰写，为智能建筑施工与管理技术的发展提供理论支持和实践指导。在本书的编写过程中，我们力求做到理论与实践相结合，既注重对智能建筑施工与管理技术的理论阐释，也关注其在实际工程中的应用情况。同时，我们还邀请了多位行业专家参与本书的编写与审校工作，以确保本书内容的科学性和实用性。

通过本书的阅读，读者将能够全面了解智能建筑施工与管理技术的内涵与价值，掌握其在实际应用中的关键技术与操作方法，同时也能够对智能建筑施工与管理技术的未来发展有更为清晰的认识。我们相信，随着智能建筑施工与管理技术的不断发展和完善，建筑行业将迎来更加美好的未来。

目　录

第一章　智能建筑施工与管理技术概述

第一节　智能建筑的定义与特征

一、智能建筑的概念与范畴

智能建筑是指通过整合先进的技术和系统，以提高建筑物的效能、可持续性、安全性和舒适性为目标的建筑类型。这一概念涵盖了多个方面，包括建筑设计、能源管理、信息技术等领域的综合应用。在智能建筑的范畴中，各种智能技术通过互联网和传感器等设备的互联互通，使建筑能够感知、分析和响应其内外环境，以实现更高水平的自动化和智能化。以下将对智能建筑的概念和范畴进行详细的探讨。

1. 智能建筑的概念

智能建筑的概念是在科技不断发展的背景下逐渐形成的。传统建筑主要关注建筑的结构和功能，而智能建筑则强调运用现代科技手段，使建筑能够更加灵活、高效地适应不同的需求。智能建筑不仅关注建筑的物理结构，而且还注重集成先进的信息技术、传感器技术、通信技术等，以实现建筑的智能化管理和运营。

2. 智能建筑的主要特征

感知性：智能建筑通过各类传感器，如温度传感器、湿度传感器、光照传感器等，感知内外环境的变化，以做出相应的调整，提高舒适度和能效。

自适应性：智能建筑具备自适应性，能够根据使用者的需求和环境变化，自动调整建筑系统，达到最佳的能效和舒适度。

互联性：智能建筑的各个系统之间通过互联网实现数据共享和通信，形成一个整体的智能化网络，提高系统的协同作用。

可持续性：智能建筑注重节能和可持续发展，通过智能能源管理系统、绿色建筑设计等手段，减少资源消耗，降低对环境的影响。

安全性：智能建筑通过智能监控系统、安防系统等保障建筑的安全，同时通过智能化的灾害预警和应急处理系统提高建筑的抗灾能力。

3. 智能建筑的范畴

智能建筑的范畴涉及多个领域，包括但不限于以下几点：

建筑设计与规划：智能建筑的设计需要考虑到各种智能系统的整合，包括布局传感器、控制系统、通信系统等，以实现整体的智能化。

能源管理：智能建筑通过智能能源管理系统，监测和调整建筑内的能源使用，实现节能和环保。

自动化系统：包括自动化的照明系统、空调系统、安全系统等，以提高建筑的自动化程度。

信息技术：智能建筑主要依赖于信息技术，包括大数据分析、人工智能、云计算等，以实现对建筑系统的智能监控和管理。

智能家居：智能建筑中的智能家居系统涵盖了家庭生活的各个方面，包括智能家电、语音助手、智能安防等。

可持续发展：智能建筑注重可持续发展，通过绿色建筑设计、再生能源的应用等手段，降低对环境的影响。

4. 智能建筑的发展趋势

随着科技的不断进步，智能建筑领域也在不断演进。未来的发展趋势包括以下几点：

人工智能的应用：人工智能在智能建筑中的应用将更加广泛，例如通过机器学习优化能源管理、提高安全性等方面。

物联网技术的普及：物联网技术的发展将使得更多的设备能够互联互通，实现智能建筑中各个系统的集成。

可持续性和绿色建筑：随着环保意识的提高，智能建筑将更重视可持续性和绿色建筑设计，以减少对环境的影响。

智能建筑标准的制定：为了推动智能建筑的发展，各国将逐渐制定智能建筑的标准和规范，以便更好地引导产业的发展。

总体而言，智能建筑是建筑领域的一次革命性的变革，通过科技的应用，使得建筑不再是传统的被动空间，而是能够主动感知、响应和适应用户需求的智能体系。随着技术的不断进步，智能建筑将在设计、建设和运营等方面迎来更多创新。

二、智能建筑的技术特征

智能建筑的技术特征主要涵盖了建筑设计、感知技术、自动化系统、信息技术等多个方面。这些技术特征共同构成了智能建筑的核心，使其能够更智能、高效、安全、可持续地满足用户需求。以下是对智能建筑技术特征展开的详细探讨：

1. 建筑设计与规划技术

智能建筑的设计阶段是整个智能化过程的关键，涉及建筑结构、布局、材料的选择，以及智能系统的整合。以下是与建筑设计相关的主要技术特征：

虚拟设计与建模：借助虚拟现实（VR）和增强现实（AR）技术，建筑师可以在虚拟空间中模拟建筑设计，更直观地了解各个设计方案的效果，提高设计的准确性。

建筑信息模型（BIM）：BIM 技术是一种基于数字模型的集成设计和管理方法，通过建立三维数字模型，包含建筑的几何形状、空间关系、材料信息等，为设计、施工和运营提供全面的信息支持。

仿生设计：仿生学原理在建筑设计中的应用，通过模仿自然界的结构和功能，实现建筑对环境的更加智能化的响应，如自然通风、光照控制等。

2. 感知技术

感知技术是智能建筑实现自动化和智能化的基础，通过传感器和监测设备感知环境的变化，实时获取数据并做出相应的调整。以下是与感知技术相关的技术特征：

环境传感器：包括温度传感器、湿度传感器、光照传感器等，用于感知室内外环境的变化，以调整空调、照明等系统，提高能效和舒适度。

人体感知技术：通过红外传感器、摄像头等设备感知人体的位置和活动，实现对空间的智能控制，例如自动照明、智能安防系统等。

空气质量监测：通过传感器监测室内空气质量，实时检测并调整通风系统，确保居住者的健康和舒适。

智能窗帘和智能玻璃：利用智能材料和技术，实现窗帘和玻璃的自动调节，以适应不同的光照和温度条件，提高效率和舒适度。

3. 自动化系统

自动化系统是智能建筑实现自动化控制和运营的关键。通过集成各种自动化设备和系统，实现对建筑的智能化管理。以下是与自动化系统相关的技术特征：

智能照明系统：通过光感传感器和智能控制系统，实现对照明的自动调节，根据光照情况和使用需求优化能源消耗。

智能空调系统：通过温度、湿度和空气质量传感器，实现对空调系统的智能控制，提高能效并提供更舒适的室内环境。

智能安防系统：集成监控摄像头、入侵检测器等设备，通过智能算法实现对建筑安全的实时监测和响应。

自动化能源管理：利用智能电表、能源存储系统等设备，实现对能源的实时监测和调节，优化能源利用，降低能耗。

4. 信息技术

信息技术是智能建筑的核心驱动力之一，通过互联网、大数据、人工智能等技术，实现建筑系统的智能化和互联互通。以下是与信息技术相关的技术特征：

云计算：通过云计算技术，建筑系统可以实现大规模的数据存储和处理，提供更强大的计算能力和灵活性。

大数据分析：通过对感知数据和使用数据的分析，实现对建筑运营和能源消耗等方面的优化，提高建筑的整体性能。

人工智能：人工智能在智能建筑中的应用涉及预测性维护、智能控制系统、语音识别等，为建筑提供更智能、个性化的服务。

物联网技术：将建筑中的各种设备和系统连接到互联网，实现设备之间的数据共享和远程控制，形成智能化的生态系统。

5. 可持续性技术

智能建筑强调可持续发展和绿色建筑的理念，利用先进的技术方式实现对资源的更加有效利用。以下是与可持续性技术相关的技术特征：

智能能源管理：通过智能能源管理系统，对建筑中的能源使用进行监测、优化和控制。这包括智能电网技术、分布式能源系统、可再生能源的集成等，以实现更高效的能源利用，降低碳足迹。

绿色建筑材料与技术：采用环保材料和绿色建筑技术，例如可再生建筑材料、节水设备等，以减少对自然资源的消耗，同时降低建筑的环境影响。

6. 人机交互技术

人机交互技术是智能建筑中至关重要的一环，通过直观、智能的界面，使居住者能够更方便地与建筑系统进行交互。以下是与人机交互技术相关的技术特征：

语音识别与控制：通过语音识别技术，居住者可以使用语音命令对建筑系统进行控制，例如调整照明、温度等。

智能设备互联：建筑内的智能设备之间实现互联互通，使用户能够通过一个集中的平台控制和监测各个智能设备。

手势识别技术：通过摄像头等设备，识别用户的手势，实现手势控制，提高用户与建筑系统之间的互动体验。

7. 安全与隐私技术

由于智能建筑涉及大量的传感器和数据，安全和隐私成为关键问题。以下是与安全与隐私技术相关的技术特征：

生物识别技术：采用指纹识别、虹膜识别等生物特征识别技术，提高建筑的访问安全性。

加密与安全通信：在传输和存储感知数据时采用加密技术，确保数据的安全性，防止被未授权的人获取敏感信息。

隐私保护设计：在智能建筑的设计中考虑隐私保护，通过设计隐私保护功能和设置用户权限，保障居住者的隐私权益。

8. 灾害预警与紧急响应技术

智能建筑还注重在面对突发事件时能够及时响应，提高建筑的抗灾能力。以下是与灾害预警和紧急响应技术相关的技术特征：

智能灾害监测：通过传感器监测火灾、地震、洪水等灾害情况，实现对灾害的实时监测。

智能疏散系统：利用智能照明、导航系统等，为居住者提供疏散指引，优化疏散路径，提高疏散效率。

远程监控与响应：通过远程监控技术，建筑管理员可以远程实时了解建筑状态，进行紧急响应，减轻灾害造成的损失。

9. 持续创新与发展

智能建筑技术的快速发展意味着持续创新是必不可少的。以下是促使智能建筑技术持续发展的一些趋势：

5G 技术：5G 技术的广泛应用将提供更快速、可靠的互联网连接，为智能建筑提供更牢固的通信基础。

边缘计算：将计算能力移至感知设备附近，减少数据传输时延，提高智能建筑系统的实时性和响应速度。

量子计算：量子计算的发展可能为智能建筑提供更高效的数据处理能力，加速大规模数据的分析与应用。

生态共生设计：结合自然生态系统的原理，实现建筑与周围环境的共生，提高建筑的自给自足性和可持续性。

总体而言，智能建筑技术特征的不断演进将推动建筑行业向更加智能、可持续、人性化的方向发展。随着科技的进步和人们对生活质量要求的提高，智能建筑技术将不断创新，为未来的城市和社会发展提供更多可能性。

三、智能建筑与传统建筑的区别

智能建筑与传统建筑之间存在显著的区别，这种区别不仅体现在建筑设计和构造上，而且还包括建筑运营、能源管理、舒适性等多个方面。以下是对智能建筑与传统建筑的区别的详细探讨：

1. 技术整合与互联性

传统建筑：传统建筑通常采用独立的系统，如照明系统、空调系统、安防系统等独立运作，缺乏整合和互联性。各系统之间的协作和数据共享有限，导致系统效率较低。

智能建筑：智能建筑通过技术整合，采用互联的智能系统，各种设备和系统能够实时互通信息。传感器、控制系统、通信技术等被整合在一起，形成一个智能化的网络，实现全方位的监测、控制和反馈。

2. 感知和自适应性

传统建筑：传统建筑对环境的感知和响应较为有限。通常，系统的调整需要进行人工干预，缺乏实时感知和自适应能力。

智能建筑：智能建筑具有高度的感知性和自适应性。通过大量的传感器，智能建筑可以实时感知室内外环境的变化，系统能够自动调整以适应不同的需求，提高能源效率和舒适性。

3. 能源效率与可持续性

传统建筑：传统建筑通常较难实现精确的能源管理。照明、空调等系统运行较为固定，难以灵活应对变化的能源需求。

智能建筑：智能建筑通过先进的能源管理系统，结合大数据分析和人工智能技术，能够实时监测、分析和优化能源使用。这使得智能建筑更加高效，减少能源浪费，提高可持续性。

4. 用户体验和舒适性

传统建筑：传统建筑的用户体验主要受限于基本的建筑设计和设备运行，用户对于环境的个性化需求较难得到满足。

智能建筑：智能建筑致力于提高用户体验和舒适性。通过智能家居系统，居住者可以通过智能设备调节温度、照明、音响等，实现个性化的舒适空间。

5. 安全性与监控

传统建筑：传统建筑的安全系统通常较为有限，主要依赖于传统的门锁、警报器等。监控范围往往是有限的。

智能建筑：智能建筑引入了先进的监控和安全系统。通过智能摄像头、入侵检测器、生物识别技术等，实现对建筑的全方位监控和高级安全措施。

6. 成本和投资

传统建筑：传统建筑的建设成本相对较低，因为通常不涉及先进的技术和系统。然而，长期运营成本可能会较高，特别是在能源消耗方面。

智能建筑：智能建筑的建设成本可能较高，涉及高级的技术设备和系统的投资。然而，由于能源效率的提高、运营成本的降低，长期来看可以降低总体成本。

7. 可维护性与管理

传统建筑：传统建筑的维护通常是被动的，问题出现后再进行修复。管理可能较为分散，需要人工介入较多。

智能建筑：智能建筑通过预测性维护和远程监控，能够在问题出现之前识别并解决，提高设备的可维护性。管理更为集中，通过中央控制系统实现对整个建筑的智能管理。

8. 可持续发展

传统建筑：传统建筑在可持续发展方面通常较为薄弱，往往难以适应现代社会对环保和可持续性的需求。

智能建筑：智能建筑强调可持续发展，通过先进的能源管理、绿色建筑设计等措施，可以更好地满足环保要求，促进城市的可持续发展。

综合来看，智能建筑相对于传统建筑更加重视技术创新、用户体验和可持续性发展。虽然智能建筑在初期投资上可能较高，但通过提高运营效率、降低能源消耗等方面的优势，长期来看具有更好的经济效益和社会效益。随着科技的进步和社会对可持续发展的日益重视，智能建筑作为一种创新的建筑模式，正逐渐成为未来城市发展的主流趋势。以下是进一步讨论智能建筑与传统建筑的区别，并探讨这些差异可能带来的影响和未来趋势。

9. 互动与个性化

传统建筑：传统建筑往往缺乏与居住者的互动性和个性化。用户对于环境的调整和反馈通常受限于有限的方式。

智能建筑：智能建筑通过智能家居系统和人机交互技术，可以更好地与居住者互动。居住者可以通过智能设备实现对室内环境的个性化调整，提高生活舒适度。

10. 故障排除与调整

传统建筑：在传统建筑中，故障排除和系统调整通常需要专业技术人员进行，涉及烦琐琐的手动操作。

智能建筑：智能建筑通过远程监测和自动化系统，能够及时检测故障并进行自动调整。这降低了对专业技术人员的依赖，提高了故障排除的效率。

11. 社交与共享经济

传统建筑：传统建筑的社交和共享体验相对较为有限。建筑的设计和运营更侧重于满足基本的居住需求。

智能建筑：智能建筑有望促进社区内的居民互动，并通过共享经济模式实现资源共享。例如，共享能源、共享设备等，有助于提高社区的可持续性和生活品质。

12. 数据隐私与安全性

传统建筑：传统建筑的信息流通相对较少，主要集中在物理空间。信息安全风险较低。

智能建筑：智能建筑通过大量传感器收集居住者和建筑运行的数据，因此涉及更多的信息流通。这带来了对数据隐私和安全性的新挑战，需要加强隐私保护和数据安全措施。

未来趋势与展望：

可持续性和绿色建筑：随着环保意识的不断提高，智能建筑将更加注重可持续性和绿色建筑原则。通过绿色技术和材料的应用，智能建筑有望成为能源效率和环保方面的典范。

边缘计算和5G技术：边缘计算和5G技术的不断发展将进一步加强智能建筑的互联性和实时性。建筑内的设备和系统将更加智能、迅速响应。

人工智能与机器学习：人工智能和机器学习在智能建筑中的应用将不断增加，通过对大量数据的分析，实现更智能、个性化的建筑管理和服务。

社交互动与共享经济：智能建筑有望成为社交互动和共享经济的平台。通过智能社区管理系统，居民可以更好地参与社区生活、资源共享和社交互动。

更加人性化的设计：智能建筑将更重视用户体验和人性化设计。通过情感计算和生物识别技术，建筑系统能够更好地理解和满足居住者的需求。

全球标准化与规范制定：随着智能建筑的广泛应用，全球将更加关注智能建筑的标准化和规范化，以确保技术的互操作性、安全性和可维护性。

总的来说，智能建筑与传统建筑之间的区别主要体现在技术应用、用户体验和可持续性方面。随着科技不断进步，智能建筑将逐渐成为城市发展的主导趋势，为居住者提供更智能、便利、安全、可持续的居住环境。

第二节　智能建筑施工与管理的重要性

一、智能建筑对可持续发展的推动作用

（一）概述

随着全球城市化的不断推进，建筑业作为一个重要的经济支柱也迎来了巨大的发展机遇和挑战。在这个背景下，智能建筑应运而生，成为推动可持续发展的关键力量之一。本章将从以下三个方面细分讨论智能建筑对可持续发展的推动作用。

（二）能源效益与节能减排

1. 智能建筑的能源管理系统

智能建筑通过先进的能源管理系统实现对建筑内外的能源流动进行实时监测和优化。传感器、自动化控制系统以及人工智能技术的应用，使得建筑能够更加智能地调整照明、空调、供暖等设备的运行，最大程度地提高能源效益。

2. 可再生能源的整合利用

智能建筑积极整合可再生能源，例如太阳能、风能等。通过先进的智能技术，建筑可以更加高效地捕捉和利用这些可再生资源，降低对传统能源的依赖，减缓环境压力。

3. 节能减排的实际效果

通过智能建筑的节能措施，实现了能源的高效利用，减少了对化石能源的依赖，进而有效减缓了温室气体的排放。这对于全球应对气候变化、实现碳中和目标具有积极的意义。

（三）智能建筑在资源循环利用中的作用

1. 水资源管理

智能建筑通过智能化的水资源管理系统，实现对用水的精确监测和控制。例如，智能灌溉系统可以根据实时的气象信息和土壤湿度来调整灌溉水量，避免浪费。此外，智能建筑还可以通过雨水收集、污水处理等技术，实现水资源的循环利用。

2. 建筑材料的可持续选用

智能建筑在设计和建设过程中，更加注重选用可持续的建筑材料。这些材料不仅具有更长的使用寿命，而且还能够降低资源消耗和环境影响。同时，智能建筑通过监测建筑材料的使用情况，实现对废弃材料的回收再利用，推动资源的循环经济。

3. 智能垃圾处理系统

智能建筑引入先进的垃圾分类和处理系统，通过感知技术、机器学习等手段，对垃圾进行智能分拣和处理。这不仅提高了垃圾处理的效率，还能够最大限度地减少对环境的污染，促进资源的循环利用。

（四）智能建筑在社会层面的可持续推动

1. 用户舒适与健康

智能建筑通过智能化的环境控制系统，可以根据用户的需求和习惯，实现室内环境的个性化调节。这不仅提高了用户的舒适感，而且还有助于提升工作和生活的效率。此外，智能建筑的空气净化、绿色植物配置等设计也有助于改善室内空气质量，促进居民的身心健康。

2. 智能交通与城市规划

智能建筑在城市规划中发挥着积极作用，通过智能交通系统、停车管理系统等，优化城市交通流动，减少交通拥堵和排放。智能建筑的分布和布局也有助于优化城市结构，减少能源消耗，提高城市的整体可持续性。

3. 社会互联与可持续生活方式

智能建筑推动了社会的数字化和互联化，为居民提供更加智能、便利的生活方式。通过智能家居系统，居民可以远程监控和控制家中的设备，实现对能源的更加精细化管理。这有助于培养可持续的生活习惯，例如合理用电、减少能源浪费，进而在社会层面推动可持续发展。

（五）智能建筑面临的挑战与未来展望

1. 技术创新与标准化

智能建筑的发展仍然面临着技术创新和标准化的挑战。需要不断推动智能建筑技术的创新，提高其可靠性和适用性。同时，建立统一的智能建筑标准，有助于规范行业发展，推动整个建筑行业向可持续方向发展。

2. 投资与成本

虽然智能建筑在长期运营中可以带来显著的节能和环保效益，但在建设初期需要较高的投资。智能建筑的成本仍然是一个制约其推广的关键因素。政府、企业和社会需要共同努力，通过各种方式提供资金支持和激励措施，降低智能建筑的建设成本，使其更加普及。

3. 数据安全与隐私问题

智能建筑涉及大量的数据收集、传输和处理，这引发了关于数据安全和隐私问题的担忧。保护用户数据的隐私权、建立健全的数据安全体系，是智能建筑发展中必须解决的难题。透明的数据管理政策和法规的制定对于建立用户信任、推动智能建筑的可持续发展至关重要。

4. 社会接受度与教育

智能建筑的推广需要得到社会的广泛认可和接受。因此，加强对智能建筑的宣传和教育，提高公众对其的认知度和了解程度，是推动智能建筑可持续发展的重要一环。教育培训机构和企业可联合开展相关培训活动，提高从业人员对智能建筑技术的熟悉度，推动其在建筑行业的广泛应用。

智能建筑作为可持续发展的推动者，在能源效益、资源循环利用和社会层面都发挥了重要作用。然而，其发展仍面临着一系列挑战，需要政府、企业和社会各界的共同努力。通过技术创新、投资支持、数据隐私保护和社会教育，智能建筑有望在未来更好地推动可持续发展，为建设更加环保、智能的城市做出贡献。

二、智能建筑施工与管理对资源效益的提升

（一）概述

随着社会的不断发展，建筑行业作为经济社会的重要组成部分，对资源的需求和利用也日益受到关注。在这一背景下，智能建筑施工与管理的引入为提升资源效益提供了新的途径。本章节将从施工阶段与管理层面两个方面细分，探讨智能建筑在这两方面对资源效益的积极作用。

（二）智能建筑施工阶段的资源效益提升

1. 智能设计与 BIM 技术

在智能建筑施工的第一步是基于智能设计和建筑信息模型（BIM）技术的运用。BIM 技术通过数字化建模，实现对建筑全生命周期的信息管理，包括设计、施工、运维等各个阶段。这样的数字化设计不仅提高了设计的准确性，而且还能够在施工前预测潜在问题，减少了设计变更，降低了资源浪费。

2. 先进的施工技术与装备

在智能建筑施工过程中，采用先进的施工技术和装备，如自动化施工机器人、3D 打印技术等，可以提高施工效率，降低施工成本。这些技术的运用不仅减轻了人工劳动强度，而且还缩短了工程周期，减少了对建筑材料和能源的需求。

3. 资源可视化与管理

通过在智能建筑施工的过程中引入资源可视化与管理系统，可以实时监测施工现场的资源使用情况。这种实时监控有助于及时发现和解决资源浪费的问题，例如材料过度使用、能源浪费等。通过数据分析，可以优化资源利用，提高资源的使用效率。

4. 建筑生态与可持续性考量

在智能建筑施工阶段，注重建筑的生态和可持续性考量。通过选择环保材料、采用可再生能源等手段，降低了对非可再生资源的依赖，从而提高了建筑施工阶段的资源效益。

（三）智能建筑管理层面的资源效益提升

1. 智能建筑运维管理系统

智能建筑运维管理系统整合了建筑各个系统的数据，通过传感器和监测设备实时采集建筑性能数据，通过先进的分析算法预测和诊断可能发生的问题。这种智能化的管理系统可以提高建筑的运行效率，减少资源浪费，例如通过优化设备的运行时间和能耗，降低能源消耗。

2. 智能节能与环境控制

智能建筑管理系统通过智能节能与环境控制，实现对建筑内部环境的精确调控。通过感知技术、自动化系统和人工智能，管理系统可以根据人员活动、室内温湿度等实时数据，智能调整照明、空调、供暖等设备的运行，降低不必要的能源消耗，提高能源效益。

3. 预测性维护与资源优化

智能建筑管理系统通过预测性维护，提前发现设备和系统的潜在问题，避免了突发性故障对资源的浪费。此外，通过数据分析和优化算法，可以实现对建筑资源的智能化管理，例如人流量预测、用水量控制等，进一步提高资源利用的效率。

4. 智能化安全管理

在智能建筑的管理中，智能化安全管理系统可以通过视频监控、入侵检测、火警预警等方式，实现对建筑安全的智能监管。这有助于降低事故风险，减少人员伤亡和财产损失，从而提高了资源的安全使用。

（四）挑战与未来展望

1. 技术成熟度和标准化问题

智能建筑管理系统的技术尚处于不断发展的阶段，部分系统存在兼容性、稳定性等问题。因此，需要加强技术研发，提高技术成熟度，并推动建立智能建筑管理的国际标准，以促使整个行业的发展。

2. 数据隐私与安全问题

智能建筑管理系统对大量数据的采集和应用，涉及用户的隐私和数据安全问题。制定明确的数据隐私法规，加强系统安全性的保障，是确保智能建筑管理系统可持续发展的关键。

3. 人才培养和管理意识

智能建筑施工与管理需要具备相应技术的专业人才，而目前市场上的人才相对短缺。因此，需要加强对相关领域的人才培养，推动相关专业课程的发展，以确保足够的专业人才支持智能建筑的发展。同时，企业和组织需要加强对员工的培训，提高其对智能建筑管理的认知和实践能力。

4. 制度与政策支持

为了推动智能建筑施工与管理的可持续发展，政府需要制定相应的制度与政策支持。这包括在建筑设计审批、施工标准、能源管理等方面给予智能建筑更多的倾斜和优惠政策，以激励企业和建筑业主更加积极地采用智能建筑技术。

总体而言，智能建筑施工与管理对资源效益的提升具有巨大的潜力和重要的意义。通过技术创新、人才培养、政策支持等多方面的努力，可以进一步推动智能建筑在资源利用效益上取得更为显著的成果，为可持续发展注入新的发展活力。

三、社会、环境与经济层面的智能建筑价值

（一）概述

随着科技的不断进步和可持续发展的日益重要，智能建筑作为一种融合了先进技术的创新建筑形式，正逐渐成为推动社会、环境和经济可持续发展的关键因素。本章节将从社会、环境和经济三个层面，深入探讨智能建筑的价值，并分析其对可持续发展的积极作用。

（二）社会层面的智能建筑价值

1. 提高生活质量

智能建筑通过引入先进的自动化和智能化系统，可以实现对室内环境的智能调控，包括温度、湿度、照明等。这种个性化的环境控制有助于提高居民的生活质量，满足不同人群的需求，使居住者更加舒适和满意。

2. 促进社交互动

智能建筑在社交互动方面也有积极作用。通过智能家居系统，居民可以方便地与家庭成员分享信息，实现家庭成员之间的更紧密联系。此外，智能建筑的共享空间和社区设施，也有助于促进邻里之间的交流和合作。

3. 提高安全性和健康性

智能建筑引入先进的安全监控系统，通过视频监控、入侵检测等技术提高建筑的安全性。同时，智能建筑的环境监测系统有助于提升室内空气质量，保障居民的身体健康。这对于社会的整体福祉和健康水平有着显著的提升效果。

4. 人才吸引和留住

在城市发展竞争中，拥有智能建筑的城市更有可能吸引和留住高科技、高素质的人才。智能建筑不仅提供了舒适、安全的生活环境，而且也展示了城市对创新科技的支持和引导，使其成为现代社会中的发展引擎。

（三）环境层面的智能建筑价值

1. 节能减排与碳中和

智能建筑通过高效的能源管理系统、可再生能源的应用等手段，能够显著降低建筑的能源消耗，减少对传统能源的依赖。这不仅有助于缓解能源紧张问题，而且还能够减少温室气体排放，推动建筑行业向碳中和的目标迈进。

2. 资源循环利用

智能建筑在设计和建设过程中更加注重选择可持续的建筑材料，推动资源循环利

用。智能建筑的垃圾处理系统和废弃材料回收再利用等措施，有助于减少建筑废弃物对环境造成的影响，促进资源的可持续利用。

3. 生态景观与生物多样性保护

智能建筑的设计往往融入了生态景观的考量，通过绿色屋顶、垂直绿化等手段，有助于改善城市生态环境。这些生态设计不仅提供了美丽的景观，而且为城市提供了更多的生态空间，有助于保护和增加城市的生物多样性。

4. 应对气候变化的适应性

智能建筑的环境监测系统可以实时收集气象数据，根据气象条件调整建筑的运行，提高建筑对气候变化的适应性。这对于城市应对气候变化、防范自然灾害具有积极的意义，有助于提高城市的生态韧性。

（四）经济层面的智能建筑价值

1. 提升城市竞争力

智能建筑作为城市发展的新亮点，能够提升城市的竞争力。拥有智能建筑的城市吸引了更多的投资和高科技企业，推动了城市产业结构的升级，进而提升了城市的整体经济实力。

2. 促进创新产业发展

智能建筑的兴起促进了相关产业的发展，包括智能家居设备制造、建筑信息技术、新能源技术等。这为城市注入了新的经济动力，培育了创新型产业，促进了城市经济的多元化发展。

3. 节约运营成本

尽管智能建筑在建设初期可能需要较高的投资，但在长期运营中，智能建筑通过优化能源利用、提高设备运行效率等手段，能够显著降低运营成本。智能建筑管理系统的运用可以实现对建筑设备的智能监控和调整，从而最大程度地降低维护和运行的费用。此外，通过高效的能源管理系统，智能建筑能够减少能源浪费，进一步节约运营成本。

4. 提升房地产价值

智能建筑的引入不仅提高了居住体验，还能为房地产增值。购房者愈发关注生活质量和便利性，智能建筑的特点正符合这一趋势。因此，拥有智能建筑设计的房产更有可能获得更高的市场价值，带动整个房地产市场的发展。

（五）综合考量与未来展望

1. 综合智能建筑的价值

综合考量社会、环境和经济层面的价值，智能建筑以提高生活质量、实现资源可持续利用、促进经济发展为目标，成为推动城市可持续发展的重要引擎。通过智能建筑，我们不仅能够创造更舒适、智能化的生活环境，还能够有效应对气候变化、提高城市的生态韧性，推动城市经济向绿色低碳方向转变。

2. 智能建筑未来的发展趋势

未来，随着技术的不断进步，智能建筑将迎来更为广泛和深入的发展。其中，人工智能、大数据、物联网等技术的不断创新将进一步强化智能建筑的功能和性能。同时，智能建筑与智慧城市、可再生能源、数字化社会等领域的深度融合将加速推进，形成更为综合的智慧生态系统。

3. 推动智能建筑可持续发展的挑战

尽管智能建筑在各个层面都具有积极的价值，但其可持续发展仍面临一些挑战。在技术创新的推动、数据隐私和安全的保障、经济成本的降低等方面仍需要持续努力。此外，智能建筑的推广还需要充分考虑社会接受度、政策法规的支持等因素，确保其在实际应用中能够取得更好的效果。

4. 促使全球智能建筑标准化

为了更好地推动全球智能建筑的可持续发展，国际社会需要加强相互合作，促进智能建筑相关技术和标准的国际统一。共同制定和遵守智能建筑的标准，有助于推动技术的创新和发展，实现全球智能建筑的可持续共享。

综上所述，智能建筑在社会、环境和经济层面的价值体现得淋漓尽致。作为可持续发展的引擎，智能建筑不仅满足了人们对更好生活质量的需求，而且还为城市的绿色、智能、可持续发展提供了强大的支持。在未来，随着技术的不断发展和社会的深入理解，智能建筑将持续发挥其重要作用，引领城市向更为智慧和可持续的未来迈进。

第三节 国内外智能建筑发展现状

一、全球智能建筑领域的主要趋势

（一）概述

随着科技的不断进步和可持续发展的需求，全球智能建筑领域正迅速崛起为建筑行业的一个重要分支。智能建筑通过引入先进的技术和系统，旨在提高建筑的能效性、安全性和可持续性。本章节将深入探讨全球智能建筑领域的主要趋势，包括技术创新、可持续发展、数字化智慧城市等方面的发展趋势。

（二）技术创新驱动的趋势

1. 人工智能在智能建筑中的广泛应用

人工智能（AI）技术在智能建筑领域的应用正日益发展成为一个主要趋势。通过机器学习和深度学习等技术，建筑系统能够更好地理解和适应用户的行为习惯，实现智能化的能源管理、设备控制和安全监控。人工智能在智能建筑中的广泛运用，不仅提高了建筑的智能性，还为用户提供了更个性化、便捷的居住体验。

2. 云计算和大数据的融合

云计算和大数据技术的快速发展为智能建筑提供了强大的支持。通过云计算，建筑系统可以实现大规模数据的存储、处理和分析，进而更好地理解和优化建筑运行。大数据分析可以用于预测设备故障、优化能源使用，提高建筑的运行效率，降低能耗成本。

3. 物联网技术的广泛应用

物联网（IoT）技术是连接智能建筑各个系统的关键。传感器和设备的广泛部署使得建筑能够实时监测和响应各种环境和设备状态。通过物联网技术，建筑系统能够实现智能化的能源管理、安全监控、设备维护等功能，为建筑提供更加智能、高效的运行方式。

4. 边缘计算的崛起

随着智能建筑系统的复杂性增加，边缘计算技术逐渐崭露头角。边缘计算通过在离用户更近的位置进行数据处理，降低了延迟时间，加快了系统的响应速度。在智能建筑中，边缘计算可用于实时监控、智能设备控制等应用，提升了建筑系统的实时性和效率。

（三）可持续发展导向的趋势

1. 能源效益与绿色建筑标准

全球对能源效益的关注日益增加，智能建筑在实现绿色和可持续发展方面发挥了重要作用。各国纷纷推出绿色建筑标准，要求建筑业采用先进的节能技术和可再生能源，以减少对传统能源的依赖。智能建筑通过能源管理系统、智能照明、智能窗户等技术手段，实现了更高效的能源利用，符合绿色建筑标准的要求。

2. 可再生能源的整合应用

可再生能源在智能建筑中的应用也成为一个显著的趋势。太阳能、风能等可再生能源的整合应用，通过光伏发电、风力发电等方式，为建筑提供清洁能源。智能建筑的能源管理系统可以实现对可再生能源的智能调度，最大程度地提高可再生能源的利用效率。

3. 智能材料与建筑设计创新

智能材料的不断涌现为建筑设计带来新的可能性。智能玻璃、自修复材料、光学材料等在智能建筑中的应用，使建筑更具适应性和环保性。建筑设计中的创新也更注重可持续发展，以满足对建筑性能和材料环保性的双重要求。

4. 循环经济理念的引入

循环经济理念强调资源的循环利用和减少浪费。在智能建筑中，这一理念得到了广泛的应用。通过采用可回收材料、建筑废弃物的再利用等方式，智能建筑推动建筑行业向循环经济模式转变，减少了建筑过程中对资源的消耗和浪费。

（四）数字化智慧城市的趋势

1. 智慧城市与智能建筑的深度融合

智慧城市的建设已经成为全球城市发展的主要方向之一。智能建筑作为智慧城市的基础设施之一，与智慧交通、智能安防、数字化治理等领域深度融合，共同构建了数字化智慧城市的未来。

2. 智慧城市平台的发展

智慧城市平台的兴起促进了智能建筑的更深层次整合。这些平台通过集成各类城市数据，包括交通、环境、能源、安全等信息，为建筑提供更全面、精准的智能服务。建筑系统通过与城市平台的连接，能够更好地响应城市的整体发展需求，实现资源的协同利用。

3. 建筑与城市数据的共享

智能建筑的数据与城市其他系统的数据共享，将为城市规划和决策提供重要支持。通过建筑数据的共享，城市可以更好地了解建筑的能源使用、人流量、空气质量等信息，有针对性地进行城市规划和资源分配。这种数据共享有助于实现城市的可持续发展和智慧化管理。

4. 人工智能与城市智能化治理

人工智能在城市治理中的应用也在不断深化。智能建筑通过与城市的人工智能系统连接，可以更好地融入城市的智慧化治理体系。例如，建筑的监控系统可以与城市的安防系统协同工作，通过人工智能算法实时识别异常行为，加强城市的治安水平。

（五）未来挑战与展望

1. 数据隐私与安全问题

随着智能建筑和智慧城市的发展，大量的数据被采集和处理，涉及个人隐私和信息安全的问题日益凸显。为了确保智能建筑的可持续发展，需要加强对数据隐私和安全的管理，建立健全的法规和标准，保障用户的隐私权益。

2. 技术标准和互操作性

由于智能建筑涉及多个领域的技术和设备，需要建立统一的技术标准，以确保各个系统的互操作性和兼容性。当前，智能建筑行业尚未形成统一的技术标准，这对于设备之间的协同工作和系统的升级存在一定的困难。未来需要加强国际之间的合作，推动智能建筑技术标准的制定和实施。

3. 投资与成本

尽管智能建筑的应用前景广阔，但其建设和维护的成本仍然是一个挑战。高新技术的引入和设备的更新需要大量的资金投入，而且在一定程度上增加了建筑的复杂性。解决这一问题需要政府、企业和社会各方的共同努力，寻找更加经济有效的解决方案。

4. 用户接受度和公众教育

智能建筑的成功与否不仅取决于技术的先进性，而且也取决于用户的接受度和使用习惯。智能建筑系统需要更加贴近用户的需求，提供简单易用的界面和人性化的服务。同时，需要进行相关的公众教育，提高用户对智能建筑的认知和理解，促进其积极参与和支持。

5. 可持续发展理念的普及

虽然可持续发展理念在智能建筑领域得到了广泛的认可，但其在实际建设中的普及仍需努力。建筑业需要加强可持续发展理念的培训，提高从业人员对绿色建筑、循环经济等概念的理解，推动行业向更为可持续的方向发展。

随着科技的不断进步和社会的发展需求，全球智能建筑领域正迎来前所未有的发展机遇。技术创新、可持续发展和数字化智慧城市成为主要趋势，推动着智能建筑行业不断向前发展。然而，面临的挑战也需要各方共同努力，解决技术标准、数据隐私、成本等问题，实现智能建筑领域可持续发展的目标。

二、国内智能建筑市场的发展状况

（一）概述

近年来，随着科技的飞速发展和社会对可持续发展的需求不断增加，中国智能建筑市场正迎来快速而广阔的发展机遇。本章节将对国内智能建筑市场的发展状况进行综合分析，涵盖市场规模、主要发展领域、关键技术应用、市场驱动因素以及未来趋势等方面的内容。

（二）市场规模及增长趋势

1. 市场规模

截至目前，中国智能建筑市场规模已经相当庞大，呈现出稳步增长的态势。根据相关研究机构的数据，2019 年中国智能建筑市场规模已经超过 1000 亿元，预计未来几年将继续保持高速增长。

2. 增长趋势

中国智能建筑市场的增长趋势受多方面因素推动。首先，政府在推动绿色环保和可持续发展方面的政策支持下，智能建筑作为一个重要的创新方向得到了更多关注。其次，社会对于居住环境舒适性和安全性的需求不断提高，推动了智能建筑技术的广泛应用。最后，新冠疫情暴发后，对于智能建筑中健康、安全、无接触的需求也进一步推动了市场的发展。

3. 未来预测

未来几年，中国智能建筑市场有望继续保持快速增长。随着科技创新的不断推进，5G、人工智能、物联网等技术的逐步成熟，将为智能建筑市场提供更多的发展机遇。同时，智能建筑的规模化应用、智能化改造以及数字化智慧城市建设的推进，都将对市场的增长起到积极的推动作用。

（三）主要发展领域

1. 商业办公建筑

商业办公建筑是中国智能建筑市场的一个重要领域。在这一领域，智能建筑技术被广泛应用于办公楼宇的能源管理、安全监控、空间利用率优化等方面。智能化办公环境既提高了办公效率，又降低了能耗，成为各大企业和机构竞相追逐的目标。

2. 住宅区域

随着城市化进程的加速和人们对于居住环境的要求提高，智能化住宅区域逐渐成为智能建筑市场的另一大热点。智能家居系统、社区智能化服务等成为住宅区域发展的新动力。智能化住宅区域不仅提升了居民的生活品质，而且实现了资源的高效利用。

3. 酒店和旅游建筑

在酒店和旅游建筑领域，智能建筑技术为提升服务质量和管理效率提供了有力支持。智能化的客房管理、安防系统、能源节约等方面的应用，使得酒店和旅游建筑更具吸引力，提高了整体运营效率。

4. 医疗与养老建筑

在医疗与养老建筑领域，智能建筑技术的应用有助于提高医疗服务的水平和老年人居住环境的品质。智能医疗设备、智能化康复系统以及养老院智能化管理等方面的发展，为这一领域带来了更多的创新。

5. 工业园区与智慧城市

在工业园区和智慧城市建设中，智能建筑技术有望成为关键支撑。智能化的厂房、仓库、城市公共建筑等，通过数据的共享与协同，提高城市资源的整体利用效率，实现智能城市的可持续发展。

（四）关键技术应用

1. 人工智能

人工智能是智能建筑领域最为关键的技术之一。通过人工智能，建筑系统能够更好地理解和适应用户的需求，实现智能化的能源管理、设备控制和安全监控。人工智能技术的不断创新，将进一步推动智能建筑的发展。

2. 云计算和大数据

云计算和大数据技术的应用为智能建筑提供了强大的支持。通过云计算，建筑系统可以实现大规模数据的存储、处理和分析，为智能建筑的决策和优化提供了更强大的计算能力。大数据分析则可以用于预测设备故障、优化能源使用等方面，进一步提高建筑的运行效率。

3. 物联网技术

物联网技术是实现智能建筑的基础，通过各类传感器和设备的连接，实现对建筑内外环境的实时监测和控制。物联网技术不仅用于能源管理和设备控制，而且还支持智能安防、智能家居等多个方面的应用。

4.5G 技术

随着 5G 技术的商用推广，其在智能建筑领域的应用也日益广泛。5G 技术提供了更快的数据传输速度和更低的延迟，为智能建筑中需要大量实时数据传输的场景提供了更好的支持，如智能安防、智能医疗等。

5. 智能感知技术

智能感知技术包括视觉识别、语音识别、环境感知等多个方面。通过视觉和语音识别技术，智能建筑系统能够感知用户的行为和需求，进而提供更个性化的服务。环境感知技术则有助于实现建筑对周围环境的实时监测，为智能控制提供准确的数据支持。

（五）市场驱动因素

1. 国家政策的支持

中国政府一直在大力支持智能建筑的发展，通过出台相关政策和标准，推动智能建筑技术的应用。例如，《绿色建筑评价标准》等政策文件为绿色、智能建筑提供了指导性文件，各地也纷纷出台相关激励政策，鼓励企事业单位进行智能建筑改造。

2. 环保和可持续发展需求

随着环保意识的提高和可持续发展理念的普及，人们对于建筑环境的要求越来越高。智能建筑通过优化能源使用、减少废弃物产生等方式，符合社会对于可持续建筑的期望，因而收获了市场的认可。

3. 城市化进程的加速

中国的城市化进程不断加速，城市建设对于智能化、高效化的需求日益迫切。智能建筑作为城市发展的一个重要方向，能够满足城市规划、资源优化利用等多方面的需求，因而受到了城市建设的大力推动。

4. 科技创新和产业链完善

科技创新推动了智能建筑技术的不断进步，同时也促使相关产业链的完善。智能建筑的兴起带动了包括传感器制造、智能设备生产、软件开发等多个产业的发展，形成了完整的智能建筑产业链，进一步推动了市场的繁荣发展。

5. 用户需求升级

随着人们生活水平的提高，对于居住环境的需求也在不断升级。人们对于更智能、更舒适、更安全的居住环境有了更高的期望，这推动了智能建筑技术的应用和市场的发展。

（六）未来趋势与展望

1. 智能建筑与智慧城市深度融合

未来，智能建筑将与智慧城市深度融合，成为智慧城市的基础设施之一。通过智能建筑系统与城市的互联互通，实现城市数据的集中管理和智能化决策，为城市可持续发展提供更有力的支持。

2. 智能建筑标准的推动

为了促进智能建筑行业的可持续发展，未来需要建立更为完善的技术标准和规范。这包括智能建筑的设计、建设、运营等各个环节的标准化，以保障智能建筑的质量和可靠性。

3. 绿色智能建筑的推广

随着环保理念的普及，未来绿色智能建筑将更受市场欢迎。通过更先进的节能技术、可再生能源的应用，以及循环经济理念的引入，建筑行业将迈向更加绿色、可持续的方向。

4. 用户体验的重视

未来智能建筑将更加重视用户体验，推动智能建筑技术更好地服务居民。智能建筑系统将更加智能、个性化，更好地满足居民对于安全、舒适、便捷生活的需求。

5. 产业合作与创新

未来，智能建筑行业将更加强调产业合作和创新。不同领域的企业、科研机构以及政府部门之间的合作将成为推动智能建筑发展的关键因素。产业链上下游的协同作战将促使更多创新的应用和解决方案的涌现，推动整个智能建筑行业的不断升级。

6. 数据隐私与安全的重要性

随着智能建筑应用中涉及大量用户数据的采集和处理，数据隐私与安全问题将愈发凸显。未来，保障用户数据的隐私和安全将成为智能建筑发展中需要着重考虑的问题。建立健全的数据安全标准和隐私保护机制，加强相关法规的制定和执行，将是未来发展中的重要方向。

7. 智能建筑的国际合作

智能建筑行业的发展需要在全球范围内进行合作与交流。未来，国际合作将成为智能建筑行业的重要趋势。通过吸收和借鉴全球先进的技术和经验，推动全球智能建筑行业的共同发展。

综上所述，中国智能建筑市场正处于蓬勃发展的阶段，呈现出规模逐步扩大、技术不断创新、市场需求不断升级的良好态势。政策支持、科技创新、环保需求等多重因素推动了智能建筑市场的发展。未来，智能建筑将与智慧城市进行深度融合，智能建筑标准的制定将成为推动行业健康发展的关键因素。同时，智能建筑行业需要解决数据隐私、技术标准、成本等方面的挑战，通过产业合作与创新，不断推动智能建筑行业的可持续发展。在国际合作的背景下，中国智能建筑行业将有望成为全球智能建筑领域的领军力量，为城市可持续发展和人居环境的改善做出更大的贡献。

第四节 智能建筑施工与管理的挑战与机遇

一、技术挑战与突破点

（一）概述

智能建筑作为建筑领域的前沿技术，正面临着一系列技术挑战。在解决这些挑战的过程中，科技创新不断推动着智能建筑领域的发展。本章节将深入探讨智能建筑领域面临的技术挑战，以及创新突破点，为促进该领域的可持续发展提供参考。

（二）技术挑战

1. 互操作性问题

智能建筑系统涉及众多设备和技术，不同厂家生产的设备通常采用不同的通信协议和标准，导致互操作性问题。缺乏统一的标准使得不同系统难以协同工作，这不仅影响了系统的整体性能，也增加了维护和升级的难度。

2. 数据隐私与安全

随着智能建筑系统中数据的大量采集和共享，数据隐私和安全问题成为亟待解决的挑战。用户的个人信息、建筑系统运行数据等涉及隐私的信息可能受到黑客攻击或滥用，因此确保数据的安全性和隐私保护是当前亟须解决的问题。

3. 能源效率提升

智能建筑的能源效率一直是一个重要关注点。尽管智能建筑通过智能化的能源管理系统实现了一定的节能效果，但如何进一步提高建筑系统的能源效率，降低对传统能源的依赖，仍然是一个亟须解决的技术难题。

4. 技术标准不统一

缺乏统一的技术标准是智能建筑领域的一大挑战。不同地区、不同行业对智能建筑的定义和标准存在差异，这不仅增加了设备制造商的开发难度，而且也使得用户难以选择适配的系统和设备。

5. 高成本问题

智能建筑的设计、安装和维护通常需要较高的成本，这一因素制约了智能建筑技术的推广。如何在提高技术水平的同时，降低智能建筑的建设和运维成本，是需要攻克的一大难题。

6. 用户接受度

用户对于智能建筑的接受度直接影响了其市场普及程度。智能建筑系统复杂、操作界面烦琐、用户需求不明确等问题，导致用户对新技术的接受度不高。因此，如何提高用户体验，提升用户对智能建筑的认同感，是一个需要克服的技术挑战。

（三）创新突破点

1. 制定统一标准

解决互操作性问题的一个关键是制定统一的技术标准。政府、行业协会和企业可以联合制定智能建筑领域的标准，确保各个系统能够更好地协同工作。在全球范围内推动智能建筑标准的制定，有助于促进行业的规范发展。

2. 加强数据安全技术

针对数据隐私与安全问题，需要在技术层面采取更加严密的措施。包括但不限于加密技术、身份验证技术、安全协议等，以确保数据在采集、传输和存储的全过程都能得到有效的保护。此外，建立完善的法规和监管机制也是保障数据安全的关键。

3. 智能化能源管理技术

针对能源效率提升的问题，可以通过智能化能源管理技术来实现。利用先进的传感器、智能控制系统以及大数据分析，实时监测和调整建筑内的能源使用，最大限度地提高能源利用效率。

4. 推动技术标准的国际化

面对技术标准不统一的问题，可以通过积极参与国际标准制定和对接工作，推动智能建筑技术标准的国际化。这有助于提高中国智能建筑产业的国际竞争力，促进技术的全球共享与发展。

5. 降低成本的技术手段

降低成本是推广智能建筑技术的关键。通过推动智能建筑关键技术的研发创新、推广应用、提高产业规模等途径，可以逐步降低相关设备和系统的成本。同时，也可以通过政府资助、税收优惠等方式减轻企业的负担。

6. 智能化用户交互设计

针对用户接受度问题，需要通过智能化的用户交互设计来提升用户体验。包括简化用户界面、引入自然语言处理技术、采用智能感知技术等方式，使得用户能够更轻松、直观地操作智能建筑系统。提升用户体验有助于促使用户更好地接受智能建筑技术，增强其使用动力。

7. 整合新兴技术

整合新兴技术是应对多方面挑战的重要途径。例如，将人工智能、物联网、大数据分析等技术融入智能建筑系统，形成更为高效、智能的整体解决方案。新兴技术的整合有望解决现有系统互操作性问题，提升系统性能。

8. 开展产业合作与创新

产业合作与创新是推动技术发展的重要手段。不同领域的企业、科研机构、政府可以加强合作，共同攻克技术难题。通过资源共享、技术交流，可以实现更多创新突破，推动智能建筑技术不断升级。

9. 加强人才培养

面对智能建筑领域的复杂性，加强相关人才的培养至关重要。培养具备跨学科知识背景的专业人才，能够更好地理解和应用新兴技术。此外，建立与实际产业需求紧密对接的培训体系，有助于满足市场对高素质人才的需求。

10. 研发智能建筑示范项目

通过研发智能建筑示范项目，展示智能建筑技术在实际应用中的成果。示范项目可以帮助用户更好地理解和接受智能建筑技术，也为技术创新提供了实践平台。示范项目的成功经验可以为行业提供宝贵的经验教训，推动整个领域的进步。

11. 推动绿色智能建筑理念

绿色智能建筑是智能建筑的重要发展方向。通过整合绿色技术、可再生能源、循环经济理念等，推动绿色智能建筑的发展，有望解决能源效率问题，减轻对自然资源的压力，实现智能建筑的可持续发展。

12. 倡导可持续发展理念

在整个智能建筑生命周期中，倡导可持续发展理念是至关重要的。包括建筑设计、施工、运营阶段都应重视可持续性，减少对环境的负面影响。这需要政府、企业和社会共同努力，形成推动可持续发展的制度和文化。

智能建筑领域作为科技与建筑的交叉领域，正面临着一系列的技术挑战。然而，通过持续的科技创新和产业合作，可以寻找到创新突破点，推动智能建筑技术的不断升级。从制定统一标准、加强数据安全、智能化能源管理到降低成本、提升用户体验，都是解决当前技术难题的有效途径。未来，随着技术的不断发展和社会需求的不断演变，智能建筑领域将迎来更多的创新机遇，为建筑行业的可持续发展做出更大的贡献。

二、法规与标准对智能建筑的影响

（一）法规对智能建筑的影响

1. 建筑法规的制定与调整

国家和地方层面的建筑法规对智能建筑的发展产生直接影响。建筑法规的制定通常考虑到建筑的安全、节能、环保等方面的要求，而这些正是智能建筑所追求的目标。法规的调整也可能随着智能建筑技术的发展而不断更新，以适应新技术的应用。

2. 环保法规对绿色智能建筑的推动

随着环保意识的提高，各国纷纷出台了一系列环保相关法规，这对绿色智能建筑的发展产生了积极的推动作用。法规的要求通常包括建筑材料的环保性、能源利用效率、废弃物处理等方面，这与绿色智能建筑的理念高度契合。

3. 可持续发展法规的指导

国际上普遍存在一系列关于可持续发展的法规和指导文件，这些法规强调建筑行业在发展中应考虑社会、经济、环境等多方面的因素。智能建筑作为可持续发展的一部分，受到这些法规的引导和推动，使得在设计、建设和运营中更加重视全局的可持续性。

4. 隐私保护法规的考虑

随着智能建筑中大量传感器和数据采集设备的应用，隐私保护成为一个重要的问题。相关法规需要规定智能建筑中个人信息的采集、存储和使用方式，以确保居民的隐私权得到充分的保护。不同国家和地区对隐私保护的法规有所不同，但这无疑对智能建筑技术的发展提出了更高的要求。

5. 智能建筑安全法规的制定

智能建筑的安全性是一个不可忽视的问题。相关法规需要规范智能建筑系统的设计、施工和维护，以确保其在使用过程中不会出现安全隐患。对于防火、电气安全、人员疏散等方面，法规的规定有助于建筑业界形成共识，提高智能建筑的整体安全水平。

（二）标准对智能建筑的影响

1. 国际标准的制定与推动

国际上存在一系列与智能建筑相关的国际标准，例如 ISO/IEC 18014 关于智能建筑电气安全和通信的标准。这些国际标准在全球范围内推动了智能建筑技术的统一和标准化，有助于不同国家和地区的智能建筑系统的互操作性。

2. 行业标准的发展与更新

各个国家和地区的建筑行业都有相应的标准，这些标准通常包括了建筑设计、施工、运营等方方面面。随着智能建筑技术的不断应用，相关的行业标准也在不断发展和更新。这些标准的制定有助于规范智能建筑行业的发展，提高整体水平。

3. 技术标准的不断完善

针对智能建筑中涉及的具体技术，例如智能控制系统、人工智能应用、物联网技术等，相关的技术标准在不断完善中。这些标准旨在规范智能建筑中的技术参数、性能要求，以确保各种技术的有效应用。

4. 绿色建筑标准的推动

绿色建筑标准对智能建筑的发展具有重要影响。例如，LEED（Leadership in Energy and Environmental Design）是一种国际上广泛认可的绿色建筑评估体系，其标准要求建筑在节能、环保、室内环境质量等方面达到一定的标准。这推动了智能建筑朝着更绿色、更可持续的方向发展。

5. 数据安全标准的制定

针对智能建筑中涉及的数据安全问题，相关标准也在逐步制定。这些标准旨在规范智能建筑系统中数据的采集、存储、传输和处理，以防范潜在的隐私泄露和数据安全风险。

（三）法规与标准的协同影响

1. 相辅相成的法规与标准体系

法规和标准相辅相成，形成一个相对完整的法规与标准体系。法规为智能建筑的发展提供了法律依据，规范了相关行业的行为；而标准则为技术的实施提供了规范，促进了技术的推广和应用。法规和标准之间的协同作用有助于确保智能建筑在合法、规范、安全的框架下发展，为整个行业的可持续发展奠定基础。

2. 法规对标准的引导作用

法规往往是标准制定的依据之一。法规中的相关要求和规定可以直接引导标准的制定方向，使得标准更符合社会和行业的实际需求。法规的明确性和强制性促使标准更加切实可行，有助于推动智能建筑技术规范化和标准化的发展。

3. 标准对法规的落实提供技术支持

标准作为技术规范的体现，为法规的具体落实提供了技术支持。标准规定了技术的具体要求、性能参数和测试方法，有助于实现法规中规定的目标。标准的存在使得法规的实施更加可操作，确保了法规能够有效执行。

4. 法规与标准的互动促进技术创新

法规和标准的互动推动了智能建筑领域的技术创新。法规的要求鞭策了行业不断寻求更为先进、安全、环保的解决方案，而标准的更新也反映了技术的发展趋势。这种互动促使企业和研究机构在技术创新方面保持活跃，推动了整个智能建筑领域的不断进步。

5. 法规与标准的国际协调促进全球合作

随着全球化的深入，法规与标准的国际协调变得尤为重要。通过国际间的交流合作，不同国家和地区能够更好地制定和更新法规与标准，促进全球智能建筑技术的交流和应用。共同的法规与标准体系有助于推动全球智能建筑领域的共同发展。

（四）法规与标准的挑战与应对策略

1. 关于法规滞后于技术发展的问题

技术的发展速度较快，而法规往往需要经过较长时间的制定和修改过程。这导致法规有时无法及时跟上新技术的应用，从而出现滞后问题。解决这一挑战的策略是建立更为灵活、可迭代的法规制定机制，加强法规制定过程中与科技领域的沟通协调，提高法规的适应性。

2. 标准制定的复杂性和耗时

制定智能建筑相关标准的过程通常较为复杂，需要涉及多个领域的专业知识和广泛的产业共识。同时，标准的制定需要耗费较长的时间。为应对这一挑战，可强化各利益相关方的合作，提高标准制定的效率，采取灵活的标准制定方式，确保标准的及时发布。

3. 国际法规与标准的协调难度

不同国家和地区的法规和标准存在差异，国际协调难度较大。解决这一挑战需要建立更加开放、协调的国际交流机制，促进各国在法规和标准方面的共识。加强国际组织的引领作用，推动全球智能建筑领域的合作，有助于解决国际协调的难题。

4. 技术更新导致法规与标准的过时

由于技术的快速更新，一些法规和标准可能会相对较快地过时。为应对这一挑战，法规制定机构和标准制定组织应设立定期检讨机制，及时调整法规和标准，以适应新技术的应用。

5. 难以全面考虑各方利益的问题

在法规和标准的制定过程中，难以全面考虑到各方利益的平衡。为解决这一问题，应加强各利益相关方的参与，建立广泛的咨询机制，充分听取各方意见，确保法规与标准更具包容性和普适性。

法规和标准在智能建筑的发展中起到了不可替代的作用。法规通过对行业的法律框架和要求的制定，保障了智能建筑的安全、环保、隐私等方面的合法性和规范性。标准则通过规范技术和流程，提高了智能建筑的设计、施工和运营水平。法规与标准之间相互协同，形成了一个相对完整的法规与标准体系，推动了智能建筑领域的不断创新与进步。

第二章　智能建筑技术基础

第一节　传感技术在智能建筑中的应用

一、传感器种类与功能

（一）概述

传感器是将各种物理量或化学量转换为电信号或其他可识别形式的设备，广泛应用于工业、医疗、环境监测、汽车、消费电子等领域。随着科技的不断进步，传感器的种类和功能也日益丰富和复杂。本文将详细介绍传感器的各种种类以及它们在不同领域中的功能与应用。

（二）传感器的基本分类

传感器的种类可根据测量的物理量、工作原理、传感器用途等多个方面进行分类。以下是一些常见的传感器分类：

按测量物理量分类：

光学传感器：测量光强度、颜色、光谱等，常用于图像采集、颜色检测等领域。

温度传感器：测量温度，广泛应用于气象、工业生产、医疗等领域。

压力传感器：测量气体或液体的压力，用于空调、汽车、医疗设备等。

湿度传感器：测量空气中的湿度，常见于气象观测、温室控制等。

加速度传感器：测量物体的加速度，广泛用于汽车、智能手机、运动追踪等。

陀螺仪传感器：用于测量物体的角速度，应用于导航、飞行器控制等。

按工作原理分类：

电阻型传感器：利用电阻值的变化来检测物理量，如温度传感器。

电容型传感器：利用电容值的变化来检测物理量，如湿度传感器。

电感型传感器：利用电感值的变化来检测物理量，如金属探测器。

霍尔效应传感器：利用霍尔效应测量磁场，广泛应用于磁场传感和位置检测。

按传感器用途分类：

生物传感器：用于检测生物体内的生化参数，如血糖传感器、生物传感芯片等。

气体传感器：用于检测空气中的气体浓度，如二氧化碳传感器、甲烷传感器等。

图像传感器：用于捕捉光学图像，如CCD传感器、CMOS传感器等。

声音传感器：用于检测声音或声波，如麦克风、声波传感器等。

（三）传感器的详细分类与功能

1. 光学传感器

光敏电阻（Photoresistor）：光照强度变化导致电阻值变化，常用于光敏电路、光控开关等。

光电二极管（Photodiode）：将光信号转换为电流，广泛用于光电转换和通信设备。

光电三极管（Phototransistor）：具有光探测和电流放大功能，适用于低光照环境下的探测。

激光传感器（Laser Sensor）：利用激光束进行测距、测速、测量物体形状等，应用于测绘、机器人等领域。

颜色传感器：通过感知物体反射的光波长，实现对颜色的识别，广泛应用于印刷、包装、质检等。

2. 温度传感器

热敏电阻（Thermistor）：电阻值随温度变的化而变化，可用于测量温度，常见于温控设备。

红外测温传感器（Infrared Thermometer）：利用物体辐射的红外线来测量其温度，广泛应用于医疗、工业、家电等。

热电偶（Thermocouple）：通过两种不同材质导体连接处的温差来测量温度，适用于高温测量环境。

红外线传感器：用于检测物体发射或反射的红外辐射，可应用于红外线遥控、安防等领域。

3. 压力传感器

电容式压力传感器：利用电容的变化来感知压力，广泛应用于汽车制动系统、医疗设备等。

压电传感器：利用压电效应来测量压力变化，应用于声波传感、超声波传感等。

微型压力传感器：小巧灵活，适用于微型设备和医疗器械等领域。

4. 湿度传感器

电容式湿度传感器：通过测量空气中水分对电容的影响来测量湿度，广泛用于气象、农业、生产过程控制等。

电阻式湿度传感器：通过测量湿度对电阻的影响来测量湿度，常见于室内环境监测、仓储管理等。

电解质湿度传感器：利用电解质在湿度变化下的电导率变化来测量湿度，适用于高湿度环境。

5. 加速度传感器

微机电系统（MEMS）加速度传感器：小型化、低功耗，广泛应用于智能手机、运动传感器、汽车安全系统等。

压电式加速度传感器：通过压电效应产生电荷，实现对加速度的测量，适用于高温高压环境。

光学加速度传感器：利用光学原理测量物体的运动加速度，适用于需要高精度测量的场合。

6. 陀螺仪传感器

振动陀螺仪：利用振动原理进行测量，适用于高精度的导航和惯性导航。

光纤陀螺仪：利用光的传输进行测量，具有高精度和长寿命，适用于导航、飞行器控制等领域。

微机电系统陀螺仪：小型轻便，广泛应用于智能手机、平衡车、无人机等。

7. 电磁传感器

霍尔效应传感器：利用电荷载流子在磁场中的偏转产生霍尔电压，广泛应用于磁场检测、电流检测等。

电感传感器：利用电感变化来检测物体的位置、距离等，适用于液位检测、金属检测等。

感应电流传感器：通过电磁感应产生的感应电流来测量电流值，常用于电力系统中的电流检测。

8. 生物传感器

血糖传感器：通过检测血液中的葡萄糖浓度来实现血糖监测，广泛用于糖尿病患者的健康管理。

心率传感器：通过监测心脏的电信号来测量心率，应用于智能手表、运动监测等。

DNA 传感器：通过检测 DNA 序列的变化来实现基因诊断和生物学研究。

9. 气体传感器

甲烷传感器：能够检测空气中甲烷浓度，用于燃气泄漏监测和防范。

二氧化碳传感器：用于室内空气质量监测、温室控制等。

可燃气体传感器：适用于检测可燃气体如丙烷、丁烷等，广泛用于工业安全领域。

10. 图像传感器

CCD 传感器（电荷耦合器件）：用于光学图像的采集，应用于数码相机、摄像机等。

CMOS 传感器（互补金属氧化物半导体）：逐步替代 CCD，广泛应用于智能手机、摄像头等。

红外传感器：用于红外摄像、红外测温等领域。

11. 声音传感器

麦克风：将声音转换为电信号，广泛应用于通信、音频设备等。

压电传感器：通过压电效应感应声波，应用于超声波测量、声呐等。

12. 水质传感器

PH 传感器：用于测量水体的酸碱度，广泛用于环境监测和水质分析。

浊度传感器：用于测量水中的浑浊程度，适用于水质监测和饮用水处理。

溶解氧传感器：用于测量水中的溶解氧含量，常用于水产养殖和环境监测。

13. 位置传感器

全球定位系统（GPS）：通过卫星信号测量设备的位置，广泛应用于导航、车辆追踪等。

加速度计：可用于测量物体的加速度，通过积分可以获取物体的位移。

角度传感器：用于测量物体的角度，广泛应用于航空、汽车、机器人等产业。

14. 振动传感器

加速度传感器：可通过测量振动加速度来检测物体的振动状态，广泛应用于结构健康监测、机械设备故障诊断等。

压电传感器：通过材料的压电效应来感知振动信号，适用于振动测量和声波传感。

惯性传感器：通过检测物体的加速度和角速度来判断振动状态，用于导航系统、惯性导航等。

15. 磁场传感器

霍尔效应传感器：用于检测磁场的强度，广泛应用于电机控制、磁场导航等。

磁阻传感器：利用材料的磁阻效应来测量磁场变化，适用于地磁传感、磁场检测等。

磁感应传感器：通过检测材料在外磁场中的磁感应强度，用于磁性材料检测等。

16. 生物传感器

脑电图（EEG）传感器：用于测量大脑的电活动，常用于神经科学研究和医学诊断。

心电图（ECG）传感器：通过测量心脏的电活动，广泛应用于医疗领域，用于心脏健康监测。

生物化学传感器：通过检测生物体内的化学变化，如血糖传感器、DNA 传感器等。

17. 气象传感器

温度传感器：用于测量空气温度，是气象观测的基础。

湿度传感器：用于测量空气湿度，对于气象、农业、环境监测等具有重要意义。

气压传感器：用于测量大气压力，常用于天气预报和高度测量。

风速传感器：通过测量风的速度，用于气象站和风力发电等。

（四）传感器的应用领域与未来发展趋势

1. 工业自动化领域

在工业自动化领域，各种传感器被广泛应用于生产过程监控、设备状态检测、质量控制等方面。例如，温度传感器用于炉温监测，压力传感器用于流体管道的压力控制，光电传感器用于物料检测，加速度传感器用于振动监测等。工业互联网的发展也推动了传感器与物联网技术的深度融合，实现了设备之间的实时数据交互和智能化管理。

2. 智能家居与消费电子领域

智能家居和消费电子产品的快速发展推动了传感器技术的创新。光学传感器、温度传感器、声音传感器等被广泛应用于智能家居产品中，如智能灯具、智能温控系统、语音助手等。此外，图像传感器在智能摄像头、人脸识别、虚拟现实等方面也有着重要作用。

3. 医疗与健康领域

生物传感器在医疗领域发挥着重要作用，例如心电图传感器用于心脏监测、血糖传感器用于糖尿病管理、脑电图传感器用于神经科学研究。此外，运动传感器、温湿度传感器等也被应用于智能医疗设备、远程健康监测等方面。

4. 环境监测与气象学

传感器在环境监测和气象学领域发挥着关键作用。湿度传感器、气压传感器、风速传感器等用于气象观测，光学传感器用于大气光学测量，水质传感器用于水体监测。这些传感器数据的采集与分析有助于科学家了解气候变化、环境污染等情况。

5. 交通与车辆领域

传感器在交通领域的应用日益增多，加速度传感器和陀螺仪传感器在汽车稳定性控制系统中发着挥重要作用。此外，雷达传感器、摄像头传感器、超声波传感器等被广泛应用于智能驾驶技术中，为车辆提供环境感知和自动化控制。

未来发展趋势：

多模态传感器系统：未来的传感器系统可能趋向于多模态，即融合多种不同类型的传感器，以获得更全面、精准的信息。

柔性与可穿戴传感器：随着柔性电子技术的发展，未来的传感器可能更加灵活、轻薄，能够适应各种形状和曲面，以满足可穿戴设备、柔性电子产品等领域的需求。

能量自持续传感器：为了解决传感器供电的问题，未来的发展趋势可能包括研究更高效的能源采集技术，如太阳能、振动能、热能等，以实现传感器的自持续运行。

边缘计算与传感器融合：随着边缘计算技术的兴起，传感器数据可能更多地在本地进行处理和分析，减少对云计算的依赖，提高响应速度和隐私保护水平。

人工智能与传感器的相互结合：人工智能技术的发展将使传感器更加智能化，能够实现数据的智能识别、分析和决策，提高系统的智能化水平。

生物仿生传感器：受生物体感知系统启发，未来的传感器可能会更加精密、灵敏，并具备更强大的环境适应性。

区块链技术应用：为了保障传感器数据的安全性和可信度，未来可能加强对区块链技术的应用，确保数据的不可篡改性和可追溯性。

社会互联与大规模传感器网络：传感器将更多地应用于城市规划、智能交通、环境监测等领域，形成大规模传感器网络，为智能城市的建设提供支持。

传感器作为信息社会的基础设施之一，其在各个领域的广泛应用对社会、经济和环境带来了深远的影响。从光学传感器到生物传感器，从工业自动化到智能家居，传感器的不断发展与创新推动了科技的进步，为人们提供了更为便捷、智能的生活方式。

随着科技的不断演进，传感器技术将不断迎接新的挑战与机遇。多模态传感器、柔性可穿戴传感器、能量自持续传感器等新型技术的应用将使传感器更加灵活、智能、可持续。与人工智能、边缘计算等技术的深度融合将进一步提升传感器的性能和应用领域。

然而，传感器技术的发展也面临一些挑战，包括数据隐私与安全、能源供应、标准与互操作性等问题。解决这些问题需要行业、学术界和政府等多方的合作，共同推动传感器技术的创新与发展。

总体而言，传感器技术的不断突破与创新将为未来科技发展带来更为广阔的前景，为社会的智能化、绿色化、可持续发展提供有力支持。

二、传感技术在建筑安全中的应用

（一）概述

建筑安全一直是社会关注的焦点问题之一，而传感技术的不断发展为建筑安全提供了更加先进、智能的解决方案。传感技术通过感知环境、监测结构状态、检测潜在风险等手段，为建筑提供了实时、全面的安全信息。本文将深入探讨传感技术在建筑安全中的应用，涵盖火灾安全、结构健康监测、入侵检测等多个方面。

（二）火灾安全

1. 烟雾传感器

烟雾传感器是建筑火灾安全中不可或缺的一部分。通过监测空气中的烟雾浓度，烟雾传感器能够及早发现火源，触发火警报警系统。现代烟雾传感器采用光学、电离辐射等技术，不仅能够高效敏感地检测烟雾，而且还能减少误报，提高火警的准确性。

2. 温度传感器

温度传感器在火灾发生时也扮演着关键角色。它们能够监测建筑内部温度的变化，当温度升高超过安全范围时，即可触发火灾报警系统。温度传感器的使用不仅能够帮助发现火源，还可以预测火势的发展趋势，提供更全面的火灾信息。

3. 火焰传感器

火焰传感器能够检测可见光和红外辐射，迅速识别火焰的存在。它们在火灾初期发挥着关键作用，提高了火警系统的响应速度。火焰传感器还可用于区分真实火焰和其他光源，减少误报的可能性。

4. 气体传感器

除了烟雾、温度和火焰，某些火灾可能伴随着有毒气体的产生。气体传感器可以检测空气中有毒气体的浓度，如一氧化碳（CO）、二氧化碳（CO2）等。及时发现这些气体的存在，有助于提前采取措施，保障建筑内人员的安全。

5. 智能灭火系统

基于传感技术的智能灭火系统能够根据火灾的位置、规模等信息，精准释放灭火剂。这不仅提高了灭火效率，而且避免了不必要的灭火损失。智能灭火系统通常结合温度、火焰、烟雾等多个传感器，形成全面的火灾监测网络。

（三）结构健康监测

1. 振动传感器

建筑结构的振动状况直接关系到其安全性。振动传感器可以监测建筑结构的振动频率、振动幅度等参数，实时了解结构的健康状况。这对于地震、风灾等自然灾害的防范具有重要意义。

2. 声音传感器

通过声音传感器，可以监测建筑结构中潜在的裂缝、变形等问题。一些结构问题会产生特定的声音信号，通过分析这些信号，可以及早发现结构的异常情况。

3. 应变传感器

应变传感器用于测量材料或结构受力时的应变情况。通过在关键部位安装应变传感器，可以监测结构的受力状况，预测是否存在潜在的疲劳、断裂等问题。

4. 雷达和激光测距仪

雷达和激光测距仪可以用于非接触式测量建筑结构的形变和位移。它们能够提供更为准确的结构形变信息，对于大型建筑或桥梁的监测具有独特的优势。

5. 图像传感器

图像传感器通过监测建筑表面的裂缝、变形等情况，为结构健康提供视觉化的监测手段。高分辨率的图像传感器能够捕捉微小的结构变化，帮助工程师及时发现问题并进行维修。

（四）入侵检测

1. 红外传感器

红外传感器常用于建筑的入侵检测系统。它们通过监测建筑周围的红外辐射，当有人或其他物体进入感知范围时触发报警。红外传感器不受光照、天气等因素的影响，适用于各种环境条件。

2. 摄像头和图像分析技术

摄像头结合图像分析技术可用于建筑周边的监控和入侵检测。通过智能图像分析，系统能够识别人体、车辆等特定目标，从而实现对潜在入侵的及时识别。这种方式不仅提高了入侵检测的准确性，而且具备了实时监控和录像存储的功能。

3. 震动传感器

在建筑的围墙或窗户上安装震动传感器，可以检测到窗户敲击、爬墙等入侵行为产生的振动。这种传感器对于室外入侵的检测效果较好，可以及时发出警报，防范潜在的风险。

4. 门窗磁感应器

门窗磁感应器是一种常见的入侵检测设备，通过安装在门窗上的磁感应器和相应的磁铁，可以监测门窗的开关状态。一旦门窗被非法打开，系统会触发报警。这种方式简单实用，适用于多种场景。

5. 微波和雷达传感器

微波和雷达传感器可用于室外区域的入侵检测。它们通过发送微波或雷达信号，当有物体进入检测区域时，通过检测信号的反射来判断是否有入侵者。这种技术对于大范围区域的监测具有优势。

（五）环境监测与安全管理

1. 空气质量传感器

空气质量传感器能够监测建筑内外的空气质量，包括颗粒物、二氧化碳、甲醛等。良好的室内空气质量有助于提高居住者的生活质量，也能及早发现潜在的安全隐患，如有毒气体泄漏。

2. 水质传感器

在建筑中安装水质传感器，可以监测水质的清洁程度，防范水质污染和泄漏。特别是在高层建筑或地下室，水质传感器可以及时发现管道渗漏，减少水灾风险。

3. 光照传感器

光照传感器可用于自动控制建筑的照明系统。在环境光照强度较弱时，传感器可以自动调整照明设备，提高建筑内的能源利用效率，同时提升居住者的安全感。

4. 震动传感器

除了用于结构健康监测，震动传感器还可以用于检测异常的振动情况，如地下室的地基沉降、建筑的倾斜等。这有助于及时发现潜在的安全风险，采取预防措施。

5. 热成像摄像头

热成像摄像头可以检测建筑表面的温度分布，进而发现可能存在的电气故障、绝缘问题等。这种技术非常有助于预防火灾和提高电气设备的安全性。

（六）智能化安全管理系统

传感技术的集成使得建筑安全系统更加智能化。通过与云计算、人工智能等技术结合，智能化安全管理系统能够实现实时监控、自动报警、远程控制等功能。例如，当传感器检测到火灾、入侵或其他安全问题时，系统可以立即向相关人员发送警报信息，并实施相应的紧急处理措施。

（七）传感技术在应急管理中的作用

传感技术在应急管理中发挥着关键作用。一旦建筑内发生火灾、入侵等紧急情况，传感器可以迅速感知并触发应急响应系统。自动报警、紧急疏散指引、火灾喷淋系统的自动开启等措施能够在最短时间内保障建筑内人员的生命安全。

（八）传感技术面临的挑战与展望

尽管传感技术在建筑安全领域取得了显著的进展，但仍面临一些挑战。主要包括以下几个方面：

数据隐私与安全：传感器产生大量实时数据，对于这些数据的隐私和安全保护是一个重要问题。建筑安全系统需要采取措施保护敏感信息，防止被恶意利用。

能源供应与可持续性：传感技术需要稳定的能源供应，但传统的电池供电方式存在更换困难、环境污染等问题。发展更为可持续的能源供应方式成为未来的方向。

标准与互操作性：由于传感技术的不断创新，缺乏统一的标准可能导致不同厂商的产品难以互通互用。建筑安全系统需要更好地实现互操作性，确保设备的兼容性和协同工作。

成本与投资回报：部署高度智能化的传感技术可能涉及较高的初投资，企业和建筑主体需要权衡成本与安全收益。因此，降低成本、提高技术的性价比将是未来的发展方向。

技术更新与维护：传感技术的快速发展可能导致设备迅速过时，需要不断更新和升级系统。建筑主体需要考虑如何平衡技术的更新速度与维护成本。

未来，随着人工智能、大数据、边缘计算等技术的发展，传感技术在建筑安全领域将迎来更多的机遇。以下是展望：

智能分析与决策支持：借助人工智能技术，传感器数据可以进行更深层次的分析，实现智能化的异常检测和决策支持。系统能够更准确地识别异常行为，提高安全性能。

更先进的感知技术：未来感知技术可能进一步发展，引入更高精度、更灵敏的传感器，以更全面地感知建筑内外的环境。例如，纳米技术、量子传感等新兴技术的应用。

大规模传感器网络：未来建筑安全系统可能形成大规模的传感器网络，实现全面、实时的建筑监测。这将提高系统的覆盖范围，更好地适应大型建筑和城市环境。

自主协同系统：传感器系统可能更加自主协同，能够在不同传感器之间进行信息共享和联动操作。这将提高系统的整体性能和协同作战能力。

生物特征识别：未来建筑安全可以引入更先进的生物特征识别技术，如人脸识别、虹膜识别等，以提高入侵检测的准确性和可靠性。

实时云端监管：结合云计算技术，传感器数据可以实时上传至云端，通过云端监管平台实现对多个建筑的集中管理和监控。这有助于建筑管理者更好地掌握安全状况。

可持续能源供应：解决能源供应问题，例如利用太阳能、振动能等新能源技术，提高传感器系统的可持续性。

传感技术在建筑安全中的应用已经收获显著的成果，对于提升建筑安全性、降低风险具有重要意义。从火灾安全、结构健康监测、入侵检测到环境监测，传感技术在各个方面发挥着关键作用。随着技术的不断进步和创新，传感技术将为建筑安全领域带来更多的机遇和挑战。

然而，应用传感技术也面临一系列的问题，如数据隐私、成本、能源供应等。为了更好地发挥传感技术的优势，建筑领域需要不断推动技术创新、加强标准与互操作性、综合考虑成本与效益等方面的因素。

总体而言，传感技术的应用为建筑安全提供了更为全面、智能的解决方案，有望在未来的建筑领域发挥更为重要的作用，为人们提供更安全、舒适的居住和工作环境。

三、环境感知与舒适度提升

（一）概述

环境感知与舒适度的提高是当今建筑设计和管理中关注的重要议题。随着科技的不断进步，环境感知技术在建筑领域得到了广泛应用，从而为提升居住和工作环境的舒适度提供了更多的可能性。本文将深入探讨环境感知技术在建筑中的应用，以及如何通过这些技术实现舒适度的提升。

（二）环境感知技术的应用

1. 温度与湿度感知

温度和湿度是影响人体舒适度的关键因素之一。通过温湿度感知技术，建筑系统可以实时监测室内外的温湿度变化，并根据这些数据调整空调、通风系统等，以维持舒适的室内环境。

2. 光照感知

光照对于人体的生理和心理健康有着重要的影响。光照感知技术可以通过传感器监测室内外的光照强度，智能地控制窗帘、灯光系统，保证充足的自然光进入建筑内部，提高室内舒适度。

3. 空气质量感知

室内空气质量直接关系到居住者的健康和舒适度。环境感知技术可以通过传感器监测空气中的颗粒物、CO_2浓度、甲醛等有害物质的含量，及时发现问题并采取相应措施，保持空气清新。

4. 声音感知

建筑中的噪声是一个常见问题，会对人的工作和生活产生负面影响。通过声音感知技术，系统可以监测室内外的噪声水平，并采取措施，如隔音设施或调整空调系统，以提高室内的安静程度。

5. 气候感知

气候感知技术结合气象数据，可以提前预测未来的天气变化。这有助于建筑系统提前做好调整，以适应即将到来的气候条件，提高室内的适应性。

6. 人体行为感知

通过人体行为感知技术，建筑系统可以实时监测居住者的行为，如走动、静坐、睡眠等。这些数据可以用于调整室内照明、温度等，使建筑更好地适应人体的需求，提供更个性化的舒适环境。

（三）环境感知与节能效益

除了提升舒适度，环境感知技术还可以有效实现节能效益。通过精确感知室内外环境，建筑系统可以智能地调整设备的运行，实现最佳的能源利用效果。

1. 智能照明系统

光照感知技术结合智能照明系统，可以实现根据自然光照强度调整室内照明的功能。当有足够自然光时，系统可以降低照明亮度，减少能耗。而在光线不足时，系统可以调整照明设备以保持良好的照明水平。

2. 智能空调系统

温湿度感知技术与智能空调系统的结合，可以实现更精确的温度调控。系统可以根据室内外温湿度数据，智能地调整空调设备的运行模式，在提高舒适度的同时减少能源浪费。

3. 智能窗帘系统

光照感知技术与智能窗帘系统的结合，使窗帘可以根据室内外光照强度自动开合。这样不仅可以充分利用自然光，还能降低空调系统的负荷，实现能源的有效利用。

4. 智能通风系统

空气质量感知技术与智能通风系统相结合，可以实现根据室内外空气质量自动调整通风设备的运行。这有助于在提供新鲜空气的同时减少不必要的能源浪费。

（四）智能建筑与舒适度提升

1. 智能建筑系统

智能建筑系统通过集成多种环境感知技术，构建了一个全面、智能的建筑管理系统。这个系统可以实现对建筑内外环境的实时监测、数据分析和智能控制，以提供更符合人体需求的舒适环境。

2. 个性化舒适度调整

基于环境感知技术，智能建筑系统可以根据不同居住者的习惯和需求，实现个性化的舒适度调整。比如，系统可以学习不同居住者的喜好，自动调整室内温度、光照、湿度等参数，创造出最适合个体的室内环境，提升整体舒适度。

3. 智能建筑的响应性

环境感知技术赋予智能建筑更高的响应性。通过实时监测和分析环境数据，建筑系统可以迅速做出反应，调整设备和系统，以适应外部环境的变化。这种高度响应性有助于更快地适应气候变化、人流变化等因素，提供更加舒适的使用体验。

（五）舒适度提升的社会与经济价值

1. 健康与生产力提升

舒适的室内环境有助于提高居住者的生活质量和工作效率。通过环境感知技术，建筑可以更好地适应人体的生理和心理需求，创造出更加健康、舒适的居住和工作环境，进而提升人们的生产力和工作满意度。

2. 能源效益与环保

环境感知技术的应用有助于建筑实现更高的能源效益。通过智能控制系统的精确调整，可以减少能源的浪费，提高设备的利用率。这不仅对建筑运营成本有所降低，还符合可持续发展的理念，减少对环境的不良影响。

3. 用户体验与建筑价值

舒适度提升直接影响建筑的用户体验，进而影响建筑的价值。建筑的高舒适度能够提高居住者、使用者对建筑的满意度，增强建筑的市场竞争力。在商业地产领域，舒适的办公环境也能够吸引优秀的企业和人才。

4. 城市可持续性发展

大规模采用环境感知技术的建筑群有望推动城市的可持续性发展。通过提高建筑的能源利用效率、减少对自然资源的消耗，建筑可以成为城市绿色发展的先锋，为整个城市创造更加宜居、可持续的生活环境。

（六）未来趋势与挑战

1. 人工智能与大数据的整合

未来，环境感知技术将更多地与人工智能和大数据技术进行整合。通过大规模数据的收集和分析，建筑系统可以更精准地预测用户行为和环境变化，提供更个性化的服务和调整。

2. 边缘计算的应用

为了更快地响应环境变化，未来建筑系统可能会采用边缘计算技术。边缘计算可以在离用户更近的位置进行数据处理和决策，减少响应时间，提高系统的实时性和效率。

3. 安全和隐私问题

随着环境感知技术的广泛应用，相关的安全和隐私问题日益凸显。保护用户的个人信息和居住环境的隐私将成为一个亟待解决的问题。未来的发展需要在技术设计和法律法规制定上加强对隐私的保护。

4. 成本与可持续性

虽然环境感知技术有望提高建筑的舒适度和能源效益，但其成本仍然是一个考量因素。未来的发展需要进一步降低相关技术的成本，以提高技术的普及性。同时，重视技术的可持续性，采用更环保、可再生的材料和能源，实现环境感知技术的可持续发展。

环境感知技术在建筑领域的应用为舒适度提升提供了新的可能性，同时也促使建筑行业朝着更智能、更人性化的方向发展。通过温湿度、光照、空气质量等多方面的感知，建筑系统可以更好地适应人体的需求，提供更加舒适和健康的居住和工作环境。

未来，随着人工智能、大数据等新兴技术的不断发展，环境感知技术将更加智能、精准，为建筑的可持续发展和人类的生活品质提供更多可能性。同时，需要注意在技术发展的同时解决相关的安全、隐私和成本等问题，确保技术的全面可行性和社会接受度。通过不断创新和改进，环境感知技术有望在建筑领域发挥更大的作用，为人们创造更宜居的未来生活。

第二节　互联网 of Things（IoT）在建筑中的应用

一、IoT 的基础概念与原理

（一）概述

物联网（Internet of Things，IoT）是指通过互联网连接各种设备和物体，实现设备之间的信息交互和远程控制的网络体系。物联网的发展已经深刻影响着各个行业，包括家居、医疗、工业等领域。本章节将探讨物联网的基础概念和原理，以深入了解这一充满潜力的技术领域。

（二）物联网的基础概念

1. 物联网定义

物联网是指通过互联网连接和集成各种物理设备、传感器、软件和网络，实现设备之间的数据交换和互联互通。这些设备可以是家电、工业机器、交通工具、传感器等各种物体，通过物联网可以实现对这些物体的监测、控制和数据分析。

2. 物联网的关键特征

互联性（Interconnectivity）：物联网的核心特征之一是设备之间的互联性。通过各种通信技术，物联网连接了世界上的各种设备，实现了它们相互之间的数据传输和互联操作。

感知性（Sensing）：物联网设备通常搭载各种传感器，能够感知环境中的物理量，如温度、湿度、光照等。这些感知设备为物联网系统提供了实时的、多维度的数据。

智能化（Intelligence）：物联网不仅是设备的连接，而且注重数据的收集和分析。通过智能化算法，可以对大量的数据进行实时分析，从中提取有用的信息，为决策提供支持。

远程控制（Remote Control）：物联网使得远程控制成为可能。用户可以通过网络远程监控和控制物联网设备，实现远程操控和管理。

（三）物联网的基本原理

1. 传感器技术

传感器是物联网的基础，用于感知环境中的各种信息。传感器可以测量温度、湿度、光照、压力等物理量，并将这些信息转化为数字信号，传输给物联网系统。常见的传感器包括温度传感器、湿度传感器、光敏传感器等。

2. 通信技术

物联网中的设备需要通过各种通信技术进行连接。常见的通信技术包括无线技术（如 Wi-Fi、蓝牙、Zigbee）、有线技术（如 Ethernet）、低功耗广域网（LPWAN）等。这些技术为设备提供了稳定、高效的数据传输通道。

3. 数据存储与处理

物联网产生的数据量巨大，需要进行有效的存储和处理。云计算技术在物联网中得到广泛运用，通过将数据存储在云端，实现对数据的集中管理、分析和挖掘。同时，边缘计算技术也允许在设备本地进行部分数据处理，减少对云端的依赖。

4. 安全与隐私保护

由于涉及大量的个人和敏感数据，物联网的安全性和隐私保护至关重要。采用加密技术、身份认证、访问控制等方式，确保物联网中的数据传输和存储的安全性。此外，隐私政策和法规的制定也是维护用户权益的关键。

（四）物联网的应用领域

1. 智能家居

物联网技术在智能家居中得到广泛应用，通过连接家电、安防系统、照明设备等，实现对家居环境的智能化管理。用户可以通过手机 APP 或语音助手远程控制家中设备，实现更便捷、舒适的居住体验。

2. 工业物联网

在工业领域，物联网技术被用于监测和管理生产设备，实现智能制造。通过传感器感知设备状态、生产过程中的参数，物联网系统可以实时监控设备运行状况，提高生产效率，降低维护成本。

3. 智能交通

物联网技术在交通领域的应用包括智能交通信号灯、智能停车系统、车辆追踪等。这些应用可以优化交通流量、提高道路使用效率，为城市交通管理带来更多可能性。

4. 医疗健康

物联网在医疗健康领域的应用涵盖了远程医疗、智能医疗设备、健康监测等。通过连接医疗设备和传感器，实现对患者健康状况的实时监测，提高医疗服务的效率和质量。

（五）物联网的发展趋势

1. 边缘计算的兴起

随着物联网规模的扩大，数据处理需求不断增加。边缘计算作为一种分布式计算架构，将计算任务从云端移到离数据源更近的边缘设备，减少了数据传输延迟，提高了响应速度。未来物联网发展趋势中，边缘计算将更为重要，实现更快速、实时的数据处理和决策。

2. 人工智能的融合

人工智能（AI）与物联网的结合将推动物联网技术更加智能化。通过在设备端或云端应用机器学习算法，物联网系统可以学习和适应不同环境中的模式，实现更智能、自适应的操作。这使得物联网设备能够更方便地理解和满足用户需求。

3.5G 技术的普及

5G 技术的推广将大大改善物联网的通信能力。5G 网络具有更高的带宽、更低的延迟，可以支持更多设备同时连接，提高数据传输速率，为物联网的大规模应用提供更可靠的网络基础。这将进一步推动物联网技术的创新和发展。

4. 区块链的应用

随着物联网中涉及的数据越来越多，数据的安全性和可信度成为关键问题。区块链技术的去中心化、不可篡改的特点为解决这一问题提供了可能。通过区块链，可以建立更加安全、透明的物联网数据交换和管理系统，增强数据的可信度和完整性。

5. 生态系统的建立

未来物联网的发展将越来越依赖于建立健康的生态系统。各种设备和平台之间的互操作性将变得更为重要，以实现更广泛的数据共享和互联操作。开放式标准和协议的采用将有助于构建更加开放、共享的物联网生态系统。

（六）物联网的挑战与问题

1. 安全和隐私问题

物联网涉及大量用户和设备的数据，因此安全性和隐私保护是一个重大问题。设备被黑客攻击可能导致敏感数据泄露，因此需要采用严格的加密、身份认证等安全措施。

2. 标准化和互操作性

目前，物联网领域存在着众多不同的标准和协议，导致设备之间的互操作性问题。制定和采用统一的标准将是未来发展中需要克服的一个挑战，以构建更加开放和互联的物联网生态系统。

3. 能源效率

物联网设备通常需要长时间运行，因此对能源的依赖性较高。提高物联网设备的能源效率，延长电池寿命，将是未来亟待解决的问题，尤其是对于一些需要长时间工作在无人监管环境中的设备。

4. 大数据管理

随着物联网设备的增加，所产生的数据量呈爆炸式增长。如何有效地管理、存储和分析这些大数据，是一个需要解决的问题。云计算、边缘计算等技术的发展将在解决这一问题上发挥关键作用。

5. 成本问题

物联网设备的制造和部署成本目前还相对较高，这限制了其在一些领域的广泛应用。未来，随着技术的进步和规模效应的发挥，预计物联网设备的成本将逐渐降低。

物联网作为连接各种设备和物体的技术体系，正在改变着人类的生活和工作方式。通过感知、通信、数据分析等技术手段，物联网实现了设备之间的互联互通，为各行各业带来了更智能、高效的解决方案。然而，在不断迈向智能化的道路上，物联网还面临着一系列的挑战，如安全性、标准化、能源效率等问题。

未来，物联网的发展将更加重视技术的创新和整合，推动物联网与人工智能、5G等前沿技术的深度融合。同时，需要在制定相关法规和标准的过程中解决安全和隐私问题，促进行业的健康发展。通过持续的技术创新和协同努力，物联网有望在不久的将来成为连接一切的核心技术，为构建更智能、便捷、安全的生活和工作环境做出更大的贡献。

二、建筑设备与系统的互联

（一）概述

建筑设备与系统的互联是指通过物联网技术将建筑内的各种设备、系统进行互联，实现数据共享、远程监控和智能化管理。这一趋势正在推动建筑行业向更智能、高效、可持续的方向发展。本章节将深入探讨建筑设备与系统的互联，分析其应用领域、优势、技术原理以及未来发展趋势。

（二）建筑设备与系统的互联应用领域

1. 智能家居

在智能家居领域，建筑设备与系统的互联得到了广泛的应用。通过连接家庭电器、照明系统、安防设备等，居住者可以通过智能手机或语音助手实现对家居环境的远程监控和控制。例如，可以通过智能温控系统调整室内温度、智能照明系统实现光照调节、智能安防系统提供远程监控服务。

2. 商业建筑

在商业建筑中，建筑设备与系统的互联提供了更高效的管理方式。能源管理系统可以实时监测建筑能耗，通过智能照明系统、智能空调系统等实现能耗优化。智能安防系统可以提高建筑的安全性，实时监测和响应安全事件。此外，智能办公设备也为企业提供了更便捷、高效的工作环境。

3. 工业建筑

在工业建筑中，建筑设备与系统的互联为生产设备提供了更高效的监控和控制手段。传感器和执行器的互联使得设备状态能够实时监测，工业物联网系统可以实现生产过程的智能化调控。这有助于提高生产效率、降低维护成本，推动工业建筑向智能制造的方向发展。

4. 医疗建筑

在医疗建筑中，建筑设备与系统的互联有助于提高医疗服务的质量和效率。智能医疗设备可以通过传感器监测患者的生理参数，将数据实时传输至医疗信息系统，医护人员可以随时获取患者的健康状况。此外，智能楼宇管理系统可以提高医疗设施的运行效率，保障患者和医护人员的安全。

（三）建筑设备与系统的互联的优势

1. 提升建筑能效

建筑设备与系统的互联可以实现对建筑能耗的实时监测和智能调控。通过数据分析和优化算法，可以有效避免能源的浪费，提高建筑的能效。智能照明系统、智能空调系统等设备的联动调控，使得能源利用更为智能化，实现绿色建筑的目标。

2. 提高生产效率

在工业建筑中，建筑设备与系统的互联使得生产设备能够实时响应市场需求和生产变化。通过传感器监测生产过程、设备状态，可以及时发现问题并进行调整，提高生产效率。这有助于企业更灵活地适应市场变化，提高竞争力。

3. 增强安全性

建筑设备与系统的互联通过智能安防系统、监控设备等，能够实现对建筑的全方位监控。一旦发生异常事件，系统可以立即发出警报，提高建筑的安全性。这在商业建筑、医疗建筑等领域尤为重要，能够保障人员和财产的安全。

4. 提升居住和工作舒适度

在智能家居和商业建筑中，建筑设备与系统的互联使得居住者和员工可以更方便地调节环境。智能温控系统、智能照明系统可以根据个体需求实现个性化调节，提高居住和工作的舒适度。

（四）建筑设备与系统的互联的技术原理

1. 传感器技术

建筑设备与系统的互联的基础是传感器技术。传感器可以感知各种物理量，如温度、湿度、光照、运动等。这些传感器通过将感测到的信息转化为电信号，并通过通信网络传输至中央控制系统，实现对环境的实时监测。

2. 通信技术

通信技术是建筑设备与系统互联的关键。各种设备需要能够互相通信，以实现数据的传输和共享。常见的通信技术包括有线和无线技术。有线技术如 Ethernet，通常用于稳定的数据传输，而无线技术如 Wi-Fi、蓝牙、Zigbee 等则提供了更为灵活的连接方式，适用于移动设备和传感器节点之间的互联。

3. 数据处理与存储

传感器产生的数据需要进行有效的处理和存储。云计算技术为建筑设备与系统的互联提供了强大的支持。传感器采集的数据可以上传至云端进行分析和存储，实现大规模数据的管理和应用。边缘计算技术也逐渐应用，使得部分数据处理可以在设备本地完成，减少对云端的依赖，提高实时性和降低延迟。

4. 控制系统

控制系统是建筑设备与系统互联的核心。通过集成传感器、执行器和控制算法，控制系统可以实时响应环境变化，调整设备的运行状态。智能控制系统能够通过学习和优化算法逐渐适应用户习惯和建筑的特性，实现智能化管理。

（五）未来发展趋势

1. 人工智能的应用

未来，人工智能技术将更加深入地融入建筑设备与系统的互联中。通过机器学习和深度学习算法，系统可以更好地理解用户的需求和建筑的运行状态，实现更智能、自适应的控制。例如，智能家居系统可以学习居住者的生活习惯，智能办公系统可以根据员工的工作行为优化空调和照明系统的运行。

2. 区块链技术的应用

为了增强建筑设备与系统的互联的安全性和隐私保护，区块链技术可能会得到更广泛的应用。通过区块链，可以建立去中心化的信任机制，确保数据的安全、不可篡改，并保护用户的隐私。特别是在商业建筑和医疗建筑领域，区块链技术有望提供更安全、透明的数据管理方式。

3. 边缘计算的普及

边缘计算技术将更广泛地应用于建筑设备与系统的互联中。通过在设备本地进行数据处理和决策，边缘计算可以减少数据传输的延迟，提高系统的实时性。尤其是在对实时性要求较高的应用场景，如智能安防系统、工业自动化系统，边缘计算将发挥更大的作用。

4. 跨平台互联互通

为了构建更加开放、智能的建筑设备与系统互联生态系统，跨平台互联互通将成为未来的发展趋势。不同厂商的设备和系统需要遵循通用的标准和协议，以保障互联互通。制定更加统一的标准将促进不同设备的集成和协同工作，提高系统的整体效能。

5. 绿色建筑与可持续性

随着对环境可持续性的关注不断增加，建筑设备与系统的互联将更加重视节能和环保。智能控制系统将更加精准地调节建筑设备的运行，以最小化能源消耗。此外，建筑设备与系统的互联还可以实现对可再生能源的更好利用，推动建筑行业向绿色、可持续方向发展。

第三节 人工智能在建筑设计与施工中的应用

一、智能设计工具与算法

（一）概述

智能设计工具与算法是指利用先进的信息技术，如人工智能（AI）、机器学习（ML）等，为设计领域提供智能化支持的工具和算法。这一领域的发展在建筑、工业设计、计算机图形学等多个领域产生了深远的影响。本章节将深入探讨智能设计工具与算法的概念、应用领域、工作原理以及未来的发展趋势。

（二）智能设计工具与算法的概念

智能设计工具与算法是指通过应用先进的计算机科学和人工智能技术，为设计过程提供自动化、智能化支持的工具和算法。这些工具和算法旨在提高设计效率、优化设计结果，并为设计师提供更丰富的创意灵感。

1. 智能设计工具

智能设计工具包括各种应用于设计领域的软件和应用程序，其利用先进的技术来支持设计师的创作过程。这些工具通常具备以下特点：

自动化设计过程：智能设计工具能够自动完成一些设计任务，如生成草图、调整布局等，减轻设计师的劳动负担。

参数化设计：工具允许设计师通过调整参数来修改设计，从而更灵活地探索不同的设计方案。

虚拟现实和增强现实：利用虚拟和增强现实技术，设计师可以在虚拟环境中模拟和体验设计，更好地了解设计效果。

2. 智能设计算法

智能设计算法是一类基于计算机科学和人工智能的方法，用于解决设计领域的问题。这些算法可以通过学习、优化和模拟等方式，提供更智能、高效的设计支持。

机器学习算法：利用机器学习技术，算法可以从大量的设计数据中学习，并根据学到的规律做出方案。例如，可以通过训练数据让算法了解用户的设计偏好，从而生成更符合用户喜好的设计方案。

进化算法：模拟自然选择的进化算法可以通过迭代的方式，逐渐演化出更适应设计目标的解决方案。这种算法常用于优化设计参数，寻找最佳设计。

神经网络：基于神经网络的算法可以模拟人脑的学习和推理过程，使得算法能够理解、生成并优化设计。深度学习技术在这一领域取得了显著的发展。

（三）智能设计工具与算法的应用领域

1. 建筑设计

在建筑设计领域，智能设计工具与算法可以用于自动生成建筑设计方案、优化建筑结构、进行能源分析等。通过参数化设计和机器学习，工具可以根据设计师的意图生成多样化的设计方案，并进行性能评估，以帮助设计师做出更合理的决策。

2. 工业设计

在工业设计中，智能设计工具与算法可以用于产品设计、形状优化、材料选择等。设计师可以利用这些工具生成各种可能的设计，然后通过模拟和分析来选择最佳设计。这有助于提高产品的创新性和竞争力。

3. 计算机图形学

在计算机图形学领域，智能设计工具与算法常常用于生成逼真的图形和动画。例如，基于机器学习的图像生成算法可以模拟绘画风格，使得计算机生成的图像更加艺术化。

4. 城市规划与设计

智能设计工具与算法在城市规划与设计中发挥着重要作用。通过模拟城市发展、交通流、环境影响等因素，设计者可以更好地预测城市规划的效果，并进行进一步优化。

（四）智能设计工具与算法的工作原理

1. 数据驱动的学习

智能设计工具与算法通常需要大量的数据进行学习。在建筑设计中，可以利用已有的建筑设计数据进行训练，以使算法学会设计规律和用户偏好。这种数据驱动的学习方式可以提高工具和算法的智能水平。

2. 模拟与优化

在设计过程中，智能设计工具与算法可以通过模拟和优化来生成设计方案。例如，可以通过建模和仿真来模拟不同设计的效果，然后利用优化算法找到最优解决方案。

这种方法使得设计过程更加科学化和高效。

3. 参数化设计

参数化设计是指通过设定一系列参数，以及定义它们之间的关系，使得设计过程变得可控且灵活。智能设计工具通过参数化设计，可以让设计师在不断调整参数的过程中探索多样化的设计方案。这有助于快速生成并比较不同设计的效果。

4. 深度学习与神经网络

深度学习技术中的神经网络在智能设计中发挥着重要作用。神经网络可以通过学习大量的设计数据，模拟设计师的决策过程，并生成符合设计目标的方案。这种技术使得智能设计工具能够更好地理解设计任务的复杂性和多样性。

（五）未来发展趋势

1. 智能设计与人工智能融合

未来智能设计工具与算法将更加深度融合人工智能技术。通过引入更先进的深度学习、强化学习等技术，工具将能够更好地理解设计师的意图，实现更高层次的智能化支持。

2. 可解释性与用户参与性

为了增强设计工具与算法的可信度，未来的发展将注重提高算法的可解释性，使设计师能够更清晰地理解算法的决策过程。同时，设计工具将更加注重用户参与，提供更多的交互式设计方式，让设计师更主动地参与到设计过程中。

3. 多模态设计

未来的智能设计工具将更加注重多模态设计，即结合不同的设计元素，如图形、声音、虚拟现实等，提供更丰富的设计体验。这有助于设计师从多个维度理解和表达设计概念。

4. 生态设计与可持续发展

随着社会对可持续发展的关注不断增加，智能设计工具与算法将更多关注生态设计。通过模拟和分析生态系统的影响，设计工具将帮助设计者在城市规划、建筑设计等方面更好地考虑环境影响，推动可持续发展。

5. 自动设计协同化

未来的智能设计工具将更加重视团队协作和自动设计协同化。通过将多个设计师的意见和创意进行整合，工具将能够协同生成更加丰富、多样的设计方案。这有助于提高设计团队的效率和创造力。

（六）挑战与展望

1. 数据隐私与安全

随着智能设计工具与算法在设计过程中使用越来越多的数据，数据隐私和安全问题成为一个重要挑战。设计工具需要确保设计者的敏感信息得到妥善保护，同时有效防止数据泄露和滥用。

2. 可解释性与用户信任

智能设计算法的可解释性是一个仍需解决的问题。设计师需要理解算法的决策过程，以便更好地信任工具提供的设计建议。因此，提高算法的可解释性是未来发展中需要解决的挑战。

3. 技术普及与培训

尽管智能设计工具的发展对设计师提供了更多的支持，但需要克服普及和培训的挑战。设计师需要适应新的工具和算法，掌握相关的技能，这需要培训和教育的支持。

4. 伦理和社会影响

智能设计工具与算法的广泛应用可能带来一系列伦理和社会问题。设计师需要更加谨慎地处理与设计相关的伦理问题，确保设计的公正性、可持续性和社会影响的积极性。

5. 与传统设计方法的整合

智能设计工具与算法的引入需要与传统的设计方法整合。设计者需要找到如何将智能设计工具与人类创造力相结合，进而发挥各自的优势，而不是简单地替代传统设计方法。

智能设计工具与算法作为先进的计算机科学和人工智能技术在设计领域的应用，正在引领设计领域向更智能、高效、创新的方向发展。通过自动化设计过程、模拟与优化、参数化设计等手段，这些工具和算法为设计者提供了更多的可能性和灵感。然而，在充满机遇的同时，也需要面对数据隐私、可解释性、技术普及等方面的挑战。未来，随着技术的不断发展和设计者对新技术的逐渐接受，智能设计工具与算法有望成为设计领域的重要助手，共同推动设计领域的创新和发展。

二、人工智能在建筑施工中的自动化

（一）概述

人工智能（AI）在建筑施工中的应用日益广泛，通过自动化技术的引入，极大地提高了建筑施工的效率、精度和安全性。本章节将深入探讨人工智能在建筑施工中的自动化应用，包括智能施工机器人、自动化监控系统、智能调度和规划等方面的创新，以及这些技术对传统建筑施工模式的影响。

（二）智能施工机器人的应用

1. 机器人在建筑施工中的角色

智能施工机器人是人工智能技术在建筑施工领域的一大创新。机器人可以执行一系列重复性、危险性高、需要高精度的任务，极大地提高了施工效率，并减少了人力成本。机器人在建筑施工中的角色包括但不限于以下几点：

砌砖机器人：能够自动进行砌砖作业，提高砌筑速度和精度。

焊接机器人：在建筑结构的焊接工作中，机器人能够更加稳定和高效地完成任务。

清理机器人：能够自动清理施工现场，包括清理垃圾、吸尘等。

搬运机器人：通过携带传感器和视觉系统，能够自动搬运建筑材料，减轻工人的体力负担。

2. 利用视觉与感知技术的机器人

智能施工机器人通常配备了先进的视觉与感知技术，以便更好地适应施工环境。这些技术包括以下几种：

激光雷达与摄像头：用于环境感知和定位，使机器人能够在施工现场中精确地导航和执行任务。

深度学习与计算机视觉：通过学习和识别建筑元素，机器人能够更灵活地适应复杂的建筑结构，实现更加精准的施工。

传感器技术：包括压力传感器、距离传感器等，用于感知周围环境和监测机器人自身状态，保障施工安全。

（三）自动化监控系统的应用

1. 实时监测与数据分析

人工智能在建筑施工中的另一重要应用是通过自动化监控系统进行实时监测和数据分析。这些系统可以通过各种传感器（温度、湿度、振动等）收集大量的施工过程数据，以提供对施工现场的全面监控。

质量监测：通过图像识别技术，监控施工过程中的质量问题，如裂缝、变形等。

进度监测：通过监测施工现场的实际进度和计划进度的对比，实现施工进度的实时追踪。

安全监测：利用传感器监测施工现场的安全状况，预警潜在危险，提高施工安全性。

2. 智能监控与预测维护

自动化监控系统还可以结合人工智能技术进行智能监控和预测性维护。通过数据分析和机器学习，系统可以：

预测设备故障：通过监测施工设备的运行数据，系统能够提前预测设备的潜在故障，进而进行预防性维护，降低维护成本和减少停工时间。

优化施工流程：通过对施工过程数据的深度分析，系统可以识别施工流程中的“瓶颈”和优化点，提出合理的改进方案，提高施工效率。

（四）智能调度与规划

1. 自动化施工计划

人工智能技术在施工计划中的应用，可以实现自动化的施工排程和任务分配。传统的手动调度容易受到多变的因素影响，而智能调度系统通过考虑多个变量，包括人力资源、材料供应、天气条件等，能够更精确地制定合理的施工计划。

动态调整：智能调度系统能够实时监测施工现场的变化，动态调整施工计划以适应不同的情况。

资源优化：通过综合考虑不同资源的可用性和效率，系统能够优化施工计划，确保资源的最佳利用，降低施工成本。

2. 基于 AI 的决策支持

智能调度系统还可以提供基于人工智能的决策支持。通过分析大量的历史施工数据和实时监测数据，系统可以为施工管理者提供智能决策建议，帮助其做出更明智的决策。

风险分析：基于历史数据和风险模型，系统可以分析潜在的施工风险，并提供相应的应对方案。

成本优化：通过考虑不同的施工方案和资源配置，系统可以帮助管理者做出成本最优化的决策，提高施工效益。

（五）影响与挑战

1. 影响

提高施工效率：智能自动化技术的引入大幅提高了施工效率，通过机器人和自动化监控系统的使用，可以更迅速、精确地完成施工任务。

提升施工质量：智能施工机器人和监控系统能够在施工过程中进行实时质量监测，减少了人为因素对施工质量的影响，从而提高了施工质量。

提高工人安全：自动化技术可以承担一些危险、高强度的工作，减少了工人面对危险因素的风险，提高了工人工作安全性。

2. 挑战

高成本与投资：引入人工智能技术需要投入较高的资金用于技术研发、设备购置和系统集成。这可能成为一些企业引入自动化技术时所面临的挑战。

技术适用性：不同的施工环境和工程项目可能对自动化技术的适用性有所不同。一些复杂、独特的施工场景可能需要更高级的自动化技术，而不是现有的标准解决方案。

人力培训和适应：引入新的自动化技术需要工人和管理人员具备相应的技能，因此需要进行培训和适应期，这可能会产生一些阻力。

（六）未来展望

1. 智能施工系统的集成

未来，智能施工系统将更加集成，实现各个环节的无缝连接。机器人、监控系统、调度系统将形成一个协同工作的整体，提高施工的整体效能。

2. 更智能的机器人

随着技术的进步，未来的施工机器人将更加智能化，能够更方便地适应复杂的建筑环境。视觉系统、感知技术、机器学习等将使机器人在执行任务时更加灵活和高效。

3. 数据驱动的决策支持

未来的施工管理将更加依赖数据，通过大数据分析和人工智能技术，可以为决策提供更为准确、实时的支持。管理者可以更好地了解施工现场的情况，制定科学的决策。

4. 更广泛的应用领域

随着技术的不断发展，智能施工技术将不仅局限于建筑施工，而且还将在基础设施建设、城市规划、环境保护等领域发挥更广泛的作用。

人工智能在建筑施工中的自动化应用正在逐步改变传统的施工模式，为行业带来了更高的效率、更好的质量和更安全的施工环境。尽管面临一些挑战，如高成本、技术适用性和人力培训等，但随着技术的不断发展和应用经验的积累，智能施工将在未来继续取得更大的突破，为建筑行业的可持续发展注入新的动力。

第四节　大数据分析在智能建筑管理中的作用

一、数据采集与处理技术

（一）概述

数据采集与处理技术在当今数字化时代的各个领域发挥着至关重要的作用。随着物联网、传感技术和人工智能的不断发展，数据的产生速度和规模不断增加，对数据采集和处理的要求也日益提高。本章节将深入探讨数据采集与处理技术的关键概念、应用领域、技术挑战以及未来趋势。

（二）数据采集技术

1. 传感技术

传感技术是数据采集的基础，通过各类传感器获取现实世界中的物理量信息。常见的传感器包括温度传感器、湿度传感器、光感传感器、加速度传感器等。这些传感器可以嵌入到设备、设施或环境中，实时地监测并采集数据。

2. 物联网（IoT）

物联网是将各种设备和对象连接到互联网，实现彼此之间信息共享和互动的网络。通过物联网技术，设备之间可以实现实时通信，实现数据的实时采集和传输。物联网的发展推动了数据采集的智能化和自动化。

3. 数据采集平台

数据采集平台是用于管理和监控数据采集过程的软件工具。这些平台通常提供可视化界面、数据存储和管理、实时监控等功能。常见的数据采集平台包括开源平台如 Apache Kafka、商业平台如 AWS IoT Core、Microsoft Azure IoT 等。

（三）数据处理技术

1. 大数据处理

随着数据量的不断增加，大数据处理技术成为处理海量数据的有效方式。Hadoop、Spark 等大数据处理框架可以帮助在分布式环境中高效地存储和处理大规模数据，提供实时或批量处理的能力。

2. 数据清洗与预处理

原始采集的数据通常存在噪声、缺失值等问题，因此需要进行数据清洗和预处理。这包括去除异常值、填补缺失值、标准化数据等步骤，以保障数据的质量和可用性。

3. 机器学习与模型训练

机器学习技术通过对大量数据的学习，构建模型并进行预测或分类。数据处理的一部分涉及为机器学习算法准备合适的训练数据，选择合适的特征，进行模型训练和评估。

4. 实时数据处理

某些应用场景需要对实时数据进行快速处理和响应，这就涉及实时数据处理技术。例如，通过流式处理框架如 Apache Flink 或 Kafka Streams，可以实现对实时数据的即时处理和分析。

（四）数据采集与处理技术的应用领域

1. 工业制造与物联网

在工业制造中，通过在设备和生产线上部署传感器，实现对生产过程的实时监测，提高生产效率和质量。物联网技术用于连接工厂中的各种设备，形成智能制造系统。

2. 智能城市与交通

数据采集与处理技术在智能城市和交通管理中发挥着关键作用。通过在城市中部署传感器和摄像头，采集交通流、空气质量、垃圾桶状态等数据，为城市管理者提供实时信息，优化城市运行。

3. 医疗与健康监测

在医疗领域，数据采集技术可用于监测患者的生理参数、药物使用情况等信息，为医生提供实时的患者健康状态。大数据处理技术可以应用于医学影像分析、基因组学等领域。

4. 农业与精准农业

在农业中，通过传感器监测土壤湿度、气温、作物生长状况等数据，农民可以根据实时信息进行精准农业管理，提高农业产量和产生效益。

5. 金融与风险管理

在金融领域，数据采集与处理技术用于交易监控、欺诈检测、信用评估等方面。通过实时监测市场数据，金融机构可以更及时地做出风险管理决策。

（五）技术挑战

1. 数据安全与隐私

随着数据规模的扩大，数据安全和隐私成为一个重要的挑战。保护数据的安全性，避免数据泄露和滥用，是数据采集与处理技术面临的重要问题。

2. 处理复杂多源数据

在实际应用中，数据来自不同的源头，具有多样性和异构性。如何有效地处理和整合这些复杂多源数据，是数据处理技术需要解决的难题。

3. 实时性与效率

某些应用场景对数据处理的实时性和效率有较高要求，尤其是在需要快速响应的领域，如金融交易、智能交通等。确保在实时处理大规模数据时能够保持高效性是一个技术上的挑战。

4. 数据质量与清洗

原始数据往往包含噪声、缺失值等问题，因此数据清洗和质量控制是一个重大挑战。确保数据的准确性和完整性，有效处理异常数据，是保障后续分析结果可信的关键步骤。

5. 跨平台和互操作性

不同厂商、不同设备使用不同的数据采集和传输协议，如何实现跨平台的数据集成和互操作性，确保各种设备和系统之间能够无缝连接，是一个亟须解决的技术问题。

（六）未来发展趋势

1. 边缘计算的兴起

边缘计算是指在数据产生的地方或附近进行数据处理和分析，减少数据传输到云端的延迟。未来，边缘计算技术将更加成熟，使得在边缘设备上进行数据采集和初步处理成为可能，进而提高系统的实时性和效率。

2. 强化学习在数据处理中的应用

强化学习是机器学习的一个分支，它通过代理与环境的交互来学习决策策略。在数据处理领域，强化学习可以用于优化数据采集策略、提高实时数据处理的效率，进一步推动数据处理技术的创新。

3. 自动化数据清洗与预处理

随着数据规模的增大，自动化数据清洗与预处理将发展成为一个重要趋势。借助机器学习算法，系统可以自动检测和处理异常数据、缺失值，提高数据处理的自动化水平。

4. 融合多模态数据处理

未来的数据处理系统将更多地面临多模态数据的处理需求，包括图像、音频、视频等。融合多模态数据处理技术将成为发展趋势，有助于更全面地理解和分析复杂的现实世界数据。

5. 增强数据安全与隐私保护

数据安全和隐私保护将持续成为未来数据处理技术发展的关键方向。采用更加先进的加密技术、安全传输协议，以及强化用户控制权的隐私保护机制，是未来数据处理系统需要重点关注的方向。

数据采集与处理技术在数字化时代发挥着至关重要的作用，覆盖了传感技术、物联网、大数据处理、机器学习等多个方面。随着技术的不断发展，数据处理系统将迎来更多的挑战和机遇。未来，我们可以期待更加智能、高效、安全的数据采集与处理技术，助力各行各业更好地利用数据实现创新、提高效率，推动社会的数字化转型。同时，为了迎接未来的挑战，行业需要共同努力，推动标准化、互操作性的发展，保障数据的质量、安全与隐私。

二、大数据分析在建筑运行中的优化

（一）概述

随着科技的不断发展，大数据分析在建筑运行管理中的应用逐渐成为不可或缺的一部分。大数据分析技术通过对大量数据的收集、处理和分析，为建筑运行提供了更精准、高效的决策支持。本文将深入探讨大数据分析在建筑运行中的优化作用，涵盖其关键应用领域、技术实践以及对建筑运行效率提升的影响。

（二）大数据分析在建筑管理中的关键应用领域

1. 能耗管理与优化

大数据分析在建筑的能耗管理中发挥着关键作用。通过实时监测建筑内部的能耗数据，参考气象数据、建筑设计参数等多方面信息，系统可以分析能耗模式，识别能源浪费的原因，提供节能优化建议。这有助于建筑运营者优化设备运行策略、提高能源利用效率，降低能耗成本。

2. 设备健康状态监测

大数据分析技术可以对建筑内各类设备的健康状态进行实时监测。通过传感器采集设备运行数据，大数据分析系统可以识别设备的异常行为、预测可能的故障，并提供维护建议。这有助于避免设备突发故障，提高设备可靠性，降低维护成本。

3. 空间利用与人流分析

对于大型建筑，尤其是商业、办公类建筑，大数据分析可以帮助优化空间利用和人流管理。通过摄像头、传感器等设备采集空间使用和人流数据，系统可以分析不同区域的流量分布、高峰时段等信息，为建筑运营提供更科学的空间布局建议，提高空间利用效率，改善用户体验感。

4. 安全监控与风险预警

大数据分析在建筑安全管理中也扮演着重要的角色。通过整合监控摄像头、入侵检测传感器等设备，系统可以实时监测建筑内外的安全情况。大数据分析可以识别异常行为、预测潜在风险，并及时发出警报。这有助于提高建筑的安全性，以防范潜在风险。

（三）大数据分析技术实践

1. 数据采集与存储

大数据分析的第一步是数据的采集和存储。建筑内部的传感器、监控设备、楼宇管理系统等产生的数据需要被有效地收集起来，并存储在可扩展的大数据平台上，如 Hadoop、Spark 等。这确保了系统有足够的数据量进行深度分析。

2. 数据清洗与预处理

原始的建筑数据通常会包含噪声、异常值等问题，因此在进行分析前需要进行数据清洗和预处理。这一步骤包括去除异常数据、填充缺失值、标准化数据等，以确保分析结果的准确性。

3. 数据分析与建模

在大数据分析中，机器学习和统计分析是常用的技术手段。建筑运营的大数据分析系统可以通过监督学习、无监督学习等方法建立模型，识别能耗模式、设备状态、安全风险等。这些模型能够不断优化自身，适应建筑运营的变化。

4. 实时监测与反馈

大数据分析系统需要具备实时监测和反馈的能力。建筑运营者可以通过可视化的仪表板实时查看建筑运行状况，接收异常警报，并根据系统提供的建议进行调整。这有助于高效应对运营中的问题，提高运营效率。

（四）大数据分析对建筑运行效率的优化影响

1. 节能减排

通过大数据分析优化能耗管理，建筑运营者能够更精准地了解能源使用情况，制定合理的能源管理策略。这有助于节约能源、降低碳排放，符合可持续发展的理念。

2. 设备维护成本降低

大数据分析系统的设备健康状态监测功能可以帮助建筑运营者及时发现设备问题，进行预防性维护。这不仅降低了维护成本，而且延长了设备的使用寿命。

3. 空间利用效率提升

通过对空间利用和人流分析的大数据分析，建筑运营者可以更好地理解不同区域的使用情况，合理规划空间布局，提高空间利用效率。这有助于增强商业、文化建筑的盈利能力。

4. 安全性提升

大数据分析对安全监控的实时性和准确性提出了更高的要求。通过实时监测和分析建筑内外的安全数据，大数据分析系统能够及时识别潜在的安全风险，预警并采取相应的措施。这有助于提高建筑的整体安全性，减少潜在的风险和损失。

5. 用户体验优化

通过对人流、空间利用等数据的深度分析，大数据分析系统可以为建筑运营者提供关于用户行为和需求的洞察。运营者可以根据这些信息优化建筑布局，提供更个性化、贴近用户需求的服务，进而提升用户体验。

（五）挑战与应对策略

1. 数据隐私与安全

大数据分析涉及大量敏感信息，数据隐私和安全问题成为一个重要的挑战。为了应对这一挑战，建筑运营者需要加强数据加密、访问权限管理等方面的控制措施，确保用户数据得到有效保护。

2. 数据质量与准确性

原始数据的质量直接影响到大数据分析的结果。因此，建筑运营者需要加强对数据采集和存储环节的监控，确保数据质量和准确性。采用先进的数据清洗和预处理技术，以降低噪声和提高数据可信度。

3. 技术人才短缺

大数据分析需要掌握复杂的数据科学和机器学习技术，而这方面的专业人才相对短缺。为了应对这一挑战，建筑运营者可以通过培训、招聘、与高校合作等方式，提升团队的数据科学和分析能力。

4. 系统集成难题

建筑运营中可能存在各种不同厂商、不同设备的系统，它们使用不同的标准和协议。因此，将这些系统进行有效集成是一个重大挑战。建筑运营者可以选择开放式的、具有良好互操作性的系统，同时采用中间件技术进行系统整合。

（六）未来发展趋势

1. 人工智能的嵌入

未来，人工智能技术将更广泛地应用于大数据分析中。机器学习算法和深度学习模型将能够更好地理解和分析建筑数据，提供更精准、个性化的建议。

2. 边缘计算的应用

随着边缘计算技术的发展，大数据分析将更多地在数据产生的地方进行处理，减少数据传输的延迟。这将提高实时监测和反馈的效果，更好地支持建筑运营的实时需求。

3. 区块链的应用

区块链技术的特点，如去中心化、不可篡改，使其在大数据分析中具有潜在的应用价值。在建筑运营中，区块链可以用于保障数据的安全性和可信度，加强建筑信息的可追溯性。

4. 智能建筑生态系统的构建

未来，建筑运营将更多地形成一个智能建筑生态系统。各类设备、传感器、数据平台将更紧密地相互连接，共同构建一个智能、高效、安全的建筑运营环境。

大数据分析在建筑运行管理中的优化作用是不可忽视的。通过对能耗管理、设备状态、空间利用、安全监控等方面的数据进行深度分析，建筑运营者能够做出更科学、精准的决策，提高建筑运行的效率和可持续性。然而，在应用大数据分析的过程中，也需要注意解决数据隐私与安全、数据质量、技术人才短缺等挑战。未来，随着人工智能、边缘计算等技术的发展，大数据分析将为建筑运营带来更多创新和发展机遇。

三、预测性维护与数据分析的结合

（一）概述

预测性维护与数据分析的结合是当今工业和服务领域中日益重要的技术趋势之一。通过整合大数据分析技术和先进的预测模型，企业能够在设备、机器和系统发生故障之前预测和防范问题，从而提高设备的可靠性、降低维护成本，实现更高效的运营。本章节将深入探讨预测性维护与数据分析的结合，包括其定义、关键应用领域、技术原理、优势以及在不同行业中的实际应用。

（二）预测性维护与数据分析概述

1. 预测性维护的定义

预测性维护是一种基于数据分析和预测模型的维护策略，旨在通过实时监测和分析设备运行数据，提前预测设备可能出现的故障或性能下降，并在问题发生之前采取必要的维护措施。这种策略与传统的定期维护或纯粹的故障修复相比，更具效率和成本效益。

2. 数据分析的关键作用

数据分析在预测性维护中扮演着关键的角色。通过收集、处理和分析大量的设备运行数据，企业可以从中提取有价值的信息，建立模型来预测设备的健康状况，并制定相应的维护计划。数据分析技术包括机器学习、统计分析、模式识别等，这些方法能够挖掘隐藏在数据中的规律和趋势。

（三）关键应用领域

1. 制造业

在制造业中，预测性维护可应用于生产线上的各种设备和机器。通过实时监测生产数据、振动传感器数据等，企业可以预测设备的故障，并在设备停机之前采取预防性维护，避免生产线的不必要停滞。

2. 能源行业

在能源行业中，预测性维护可以应用于电力发电厂、风力发电机组等设备。通过分析设备的运行状况和传感器数据，能源公司可以提前发现潜在的问题，减少计划外的维护停机时间，提高发电设备的可靠性和效率。

3. 交通运输

在交通运输领域，预测性维护可以应用于飞机、列车、汽车等交通工具的维护管理。通过监测引擎数据、传感器数据以及实时运行信息，航空公司和铁路公司可以提前发现并解决可能导致故障的问题，确保交通工具的安全和稳定运行。

4. 设施管理

在建筑和设施管理领域，预测性维护可以用于处理暖通空调系统、电梯、照明系统等的设备。通过远程监测设备运行状况，系统可以及时检测到潜在故障，并通知维护团队进行修复，进而提高设施的可用性和舒适性。

（四）技术原理与方法

1. 数据采集与存储

预测性维护的第一步是收集大量的设备运行数据。传感器、监测设备、IoT（物联网）设备等可以用于实时采集设备的运行状态、温度、振动、电流等数据。这些数据需要被存储在可扩展的数据存储系统中，以备后续的分析和建模。

2. 数据清洗与预处理

原始的设备运行数据可能包含噪声、异常值等问题，因此需要及时进行数据清洗和预处理。这包括去除异常值、填充缺失值、标准化数据等步骤，以确保数据的准确性和可靠性。

3. 特征工程

在建立预测性模型之前，需要进行特征工程，即从原始数据中提取具有代表性的特征。这可能涉及时间序列分析、频谱分析、振动分析等技术，以选择最能反映设备运行状态的特征。

4. 建模与算法选择

建模是预测性维护的核心部分。各种机器学习算法，如回归模型、支持向量机、神经网络等，都可以用于建立设备健康预测模型。选择合适的算法取决于具体的问题和数据特性。

5. 模型训练与评估

使用历史数据对建立的模型进行训练，并使用测试数据进行评估。通过比较模型的预测结果与实际发生的故障情况，可以预估模型的准确性和可靠性。

6. 实时监测与决策支持

一旦建立了预测性模型，就可以将其嵌入到实时监测系统中。通过实时监测设备运行数据，模型可以持续地更新预测结果，提供实时的设备健康状态。这些实时的信息可以用于制定维护计划、调整设备运行策略，为维护团队提供决策支持。

（五）预测性维护与数据分析的优势

1. 成本降低

通过预测性维护，企业可以避免计划外的设备故障，降低停机时间，提高设备的可靠性。这有助于减少维修成本、降低备件库存成本，并最大限度地利用设备的寿命，从而实现整体成本的降低。

2. 提高设备可靠性

预测性维护使得企业能够提前预知设备可能发生的故障，采取相应的维护措施。这有助于减少设备的突发故障，提高设备的可靠性和稳定性，确保生产和服务的连续性。

3. 提高维护效率

通过数据分析技术，维护团队可以更精准地了解设备的健康状况，制定更合理的维护计划。这有助于优化维护团队的工作安排，提高维护效率，减少不必要的维护工作。

4. 预防性维护

与传统的纯粹根据设备运行时间进行维护不同，预测性维护更重视设备的实际健康状态。通过数据分析，系统可以预测设备可能出现的问题，采取预防性维护措施，避免设备因故障而停机。

5. 数据驱动决策

预测性维护基于大量实时的设备数据和先进的分析模型，使得维护决策更加数据驱动和科学。这有助于企业制定更合理的战略计划，优化资源分配，提高整体管理水平。

第五节　智能建筑中的自动化与控制技术

一、自动化系统的设计与集成

（一）概述

自动化系统的设计与集成是当今工业、生产和服务领域中至关重要的工程任务之一。随着技术的不断发展，自动化系统越来越成为提高效率、降低成本、增强生产力的关键工具。本章节将深入探讨自动化系统的设计与集成，包括其定义、关键组成部分、设计原则、集成挑战以及未来发展趋势。

（二）自动化系统的定义

自动化系统是指通过集成计算机、传感器、执行器和控制系统，实现对工业、生产、服务等过程的自动化控制和管理的系统。其目标是通过提高生产线的智能化水平，实现高效、精确、可靠的自动化操作，减少人为干预，提高生产效率。

（三）自动化系统的关键组成部分

1. 传感器与执行器

传感器是自动化系统中的感知器官，用于采集各种环境和设备的信息，例如温度、压力、湿度、位置等。执行器则是系统的执行者，通过接收来自控制系统的指令，执行相应的动作，如开启或关闭阀门、调整机械臂的位置等。

2. 控制系统

控制系统是自动化系统的大脑，通过处理传感器采集的数据，并根据预定的控制算法，向执行器发送指令。控制系统通常由计算机、PLC（可编程逻辑控制器）等组成，其目标是实现对整个系统的智能控制。

3. 人机界面

人机界面是自动化系统与人的交互窗口，通过图形化界面、触摸屏、声音等方式，使操作员能够直观地监控系统状态、进行设定和调整。良好的人机界面设计有助于提高系统的易用性和操作效率。

4. 通信网络

通信网络是自动化系统各个组成部分之间进行信息交流的桥梁。通过网络，传感器、执行器、控制系统可以实现即时的数据传输和共享，进而协同工作、实现系统整体的一体化控制。

5. 数据存储与分析模块

数据存储与分析模块用于存储系统产生的大量数据，并进行深度分析。这有助于系统的性能评估、故障诊断、优化调整等，为持续改进提供支持。

（四）自动化系统的设计原则

1. 系统可靠性

自动化系统的设计应注重系统的可靠性，确保在各种工作条件下都能正常运行。采用冗余设计、容错机制等技术途径，提高系统的稳定性和可靠性。

2. 灵活性与可扩展性

系统设计应具备一定的灵活性和可扩展性，能够适应不同的生产需求和工作环境。在后期的系统升级或扩展时，可以方便地引入新的设备或功能模块。

3. 实时性

特别对于需要快速响应的工业过程，自动化系统应具备较高的实时性。控制系统对传感器数据的采集、分析和执行器的指令下发应能够在毫秒级的时间内完成。

4. 安全性

自动化系统设计必须注重安全性，防范可能的故障、攻击或误操作对系统和生产过程造成的危害。采用安全控制策略、加密技术等方式，确保系统的安全性。

5. 能效与环保

在自动化系统设计中，应考虑能源效率和环境友好性。通过优化控制算法、降低能耗，实现生产过程的可持续性，符合绿色制造和可持续发展的理念。

（五）自动化系统集成的挑战

1. 设备异构性

生产设备和自动化系统通常来自不同的制造商，具有不同的硬件和通信协议。设备异构性可能导致集成难度增加，需要通过标准的数据格式和中间件技术进行统一，实现设备的有效集成。

2. 数据安全与隐私

随着自动化系统对大量数据的采集和传输，数据的安全性和隐私成为一个重要的挑战。系统集成需要考虑采用加密、身份验证、权限管理等措施，确保数据在传输和存储过程中得到充分的保护。

3. 复杂性与可维护性

自动化系统的复杂性增加了系统的设计和集成难度。在设计和集成过程中，需要注重系统的模块化和可维护性，使得系统能够更加容易理解、调整和维护。

4. 实时性要求

某些自动化系统对实时性有极高的要求，例如在生产线上需要实时响应的情况下，需要保证系统的控制和通信延迟尽可能降低。这对系统设计和集成提出了更高的技术要求。

5. 人机交互复杂性

自动化系统的人机交互界面需要设计得直观易用，但同时也要考虑到系统的复杂性。平衡用户操作简便性和提供足够信息以便用户理解系统状态的挑战是一个亟待克服的问题。

（六）未来发展趋势

1. 人工智能的融入

未来自动化系统将更多地融入人工智能（AI）技术，通过机器学习算法来实现更智能、自适应的控制。这包括对设备故障的预测、生产计划的优化以及对大量数据的深度学习和分析。

2. 边缘计算的应用

随着边缘计算技术的发展，自动化系统将更多地依赖在本地进行数据处理和分析，减少对中心服务器的依赖，提高系统的实时性和稳定性。

3. 物联网的发展

物联网技术的普及将进一步推动自动化系统的发展，实现设备之间的互联互通。

通过物联网，不同的设备可以实现更方便、快速的信息交流，提高系统的整体效能。

4. 可视化与虚拟化

在自动化系统设计与集成中，可视化技术和虚拟化技术的应用将更加广泛。通过虚拟化，可以实现系统的模拟和调试，减少实际投入运行前的风险。可视化技术则能够提供更直观的系统监控和操作界面。

5. 多模态交互

未来的自动化系统将更加注重多模态交互，包括语音、手势、视觉等多种方式。这将提高人机交互的灵活性和用户体验，使操作更加自然和便捷。

自动化系统的设计与集成是当今工业和服务领域的关键工程任务。通过合理的设计原则和克服集成中的挑战，可以实现自动化系统的高效、可靠、安全运行。未来，随着人工智能、边缘计算、物联网等技术的不断发展，自动化系统将呈现出更加智能、灵活和可持续的发展趋势。在这个不断创新的时代，自动化系统的设计与集成将继续为各行各业提供更强大的支持，推动工业和生产的不断升级。

二、控制技术在智能建筑中的应用案例

智能建筑是一种集成了先进技术的建筑形式，旨在提高建筑的效率、安全性、舒适度和可持续性。在智能建筑中，控制技术起着关键的作用，通过自动化和集成系统来实现对建筑内部设备、能源消耗、安全系统等方面的智能化控制。本章节将深入探讨控制技术在智能建筑中的应用案例，涵盖能源管理、照明控制、智能安防等多个方面。

（一）能源管理

1. 智能热控制系统

在智能建筑中，智能热控制系统通过温度、湿度和室内外环境等传感器的数据采集，实现对供暖、通风和空调（HVAC）系统的智能化控制。通过预测建筑内部和外部的温度变化，系统可以自动调整室内温度，提高能源利用效率。这种智能热控制系统可以根据每个房间的使用情况，自动调整温度，避免浪费不必要的能源。

2. 智能照明系统

智能照明系统是能源管理中的另一个关键领域。通过传感器和控制系统，智能照明系统可以根据建筑内部光线强度、环境亮度和人员活动情况，实现对照明的自动化调节。例如，当房间没有人时，系统可以自动关闭灯光，避免不必要的能源浪费。此外，智能照明系统还可以根据室外光照条件调整窗帘，最大程度地利用自然光，减少对电力的依赖。

3. 可再生能源集成

控制技术在智能建筑中的能源管理还包括对可再生能源的集成。通过智能控制系统，建筑可以根据太阳能、风能等可再生能源的供应情况，实现对能源的智能调配。例如，系统可以自动调整电池储能系统的充放电状态，最大程度地利用可再生能源，减少对传统能源的依赖。

（二）照明控制

1. 动态照明调节

智能照明控制系统可以通过感知环境亮度、人员活动等信息，实现动态的照明调节。例如，在有人进入房间时，系统可以自动调亮灯光，根据房间内的自然光照条件，调整灯光的亮度和色温，提高照明效果并减少能源消耗。

2. 色温调节

智能建筑中的照明控制系统通常具备色温调节功能，可以根据时间和环境需求，调整照明的色温。例如，白天可以使用较高色温的光源提高警觉性，而在晚上则可以调整为较低色温，营造舒适的环境，有助于居民的休息和睡眠。

3. 节能策略

智能照明控制系统还能通过实时监测建筑内外的光照情况，采取节能策略。当室外光照充足时，系统可以调整窗帘明暗，降低对室内照明系统的依赖，以减少能源消耗。这种智能节能策略有助于提高照明系统的能效性能。

（三）智能安防

1. 智能监控系统

控制技术在智能建筑的安防领域发挥着重要作用。智能监控系统通过摄像头、传感器等设备采集实时数据，通过图像识别和分析算法实现对建筑内外环境的监控。当系统检测到异常活动时，可以自动触发报警机制，及时通知安全人员或住户。

2. 门禁系统

智能建筑的门禁系统利用控制技术实现对出入人员的智能管理。通过刷卡、人脸识别等技术，系统可以精准识别人员身份，并控制门禁设备的开关。这不仅提高了安全性，而且方便了居民的出入管理。

3. 智能报警系统

智能报警系统通过与其他智能设备的联动，可以在检测到火灾、煤气泄漏等紧急情况时，自动触发报警，同时通知相关人员或紧急服务。这种智能安防系统能够迅速响应危险情况，提高应急处理效率。

（四）智能化生活

1. 智能家居控制系统

控制技术在智能建筑中还广泛应用于智能家居系统。通过智能家居控制系统，居民可以通过智能手机、平板电脑等设备远程控制家中的各种设备，如智能灯具、智能窗帘、智能家电等。居民可以通过手机App或语音助手，实现对家居设备的智能化管理，提高生活的便利性和舒适度。

2. 智能音响与语音助手

智能建筑中的控制技术还支持智能音响和语音助手的应用。通过语音助手，居民可以实现对家居设备的语音控制，例如调整照明、设置温度、播放音乐等。智能音响与语音助手的结合使得人机交互更加自然和便捷。

3. 智能健康监测系统

在智能建筑中，控制技术还可以应用于智能健康监测系统。通过传感器和监测设备，系统可以实时监测居民的健康状况，包括心率、体温、睡眠质量等。当系统检测到异常情况时，可以通过警报通知相关人员或紧急救援服务，实现对居民健康的实时关注和干预。

（五）建筑自适应性

1. 自适应照明系统

控制技术在智能建筑中的应用还包括自适应照明系统。这种系统通过感知环境光照、用户活动等信息，实现对照明亮度、色温的自动调节。系统可以根据不同的使用场景和用户需求，实现个性化的照明设置，提高照明效果，同时降低能源消耗。

2. 空调系统的自适应控制

智能建筑中的空调系统也可以通过控制技术实现自适应控制。系统可以根据建筑内外的温度、湿度、人员活动等信息，动态调整空调的运行模式和温度设定，提高室内空气质量，实现舒适度和能效的平衡。

3. 自适应安全系统

智能建筑中的安防系统也可以实现自适应控制。通过机器学习和图像识别技术，安防系统可以不断学习和适应环境，提高对异常事件的识别准确性。系统可以根据历史数据和实时情报，自动调整安防策略，提高安全性。

（六）智能楼宇管理系统

智能楼宇管理系统是控制技术在智能建筑中的综合应用。该系统通过集成各种传感器、监测设备和控制系统，实现对建筑内部设备、能源消耗、安全系统等多个方面的集中管理。通过远程监控和智能决策，楼宇管理系统可以提高建筑的运行效率，优化资源利用，提高整体管理水平。

控制技术在智能建筑中的应用涵盖了能源管理、照明控制、智能安防、智能家居等多个领域。通过智能化的控制系统，建筑可以实现对各个方面的智能化管理，提高建筑的效率、安全性、舒适度和可持续性。未来随着技术的不断发展，控制技术在智能建筑中的应用将更加广泛，为人们创造更智能、便捷、环保的居住和工作环境。

第三章　智能建筑设计与规划

第一节　智能建筑设计的基本原则

一、功能性与人性化设计

功能性与人性化设计是产品、系统或服务开发中的两个关键方面。功能性设计注重产品、系统或服务实现特定功能的能力，而人性化设计则关注用户体验、用户界面以及产品与用户之间的交互。这两者的综合应用能够创造出更具吸引力、实用性强且用户友好的产品。本章节将深入探讨功能性与人性化设计的重要性、相互关系，以及在不同领域的应用。

（一）功能性设计的重要性

1. 实现产品或系统的核心功能

功能性设计首先关注产品或系统的核心功能。一个成功的产品或系统应当能够高效地实现其宣称的功能，确保用户得到所期望的服务或体验。例如，在智能手机中，通信、应用运行、拍摄照片等都是核心功能，因此手机的设计需要确保这些功能得到优化和良好实现。

2. 提高产品性能

功能性设计直接影响产品的性能。通过精心设计和优化，可以提高产品的性能水平，包括速度、效率、稳定性等。这对于用户体验和产品在市场上的竞争地位都至关重要。

3. 满足用户需求

功能性设计的目标之一是确保产品或系统能够满足用户的实际需求。通过深入了解用户需求，设计团队可以确保产品在使用过程中能够为用户提供有价值的功能。满足用户需求有助于提高用户满意度，增强产品的市场竞争力。

（二）人性化设计的重要性

1. 提升用户体验

人性化设计的核心目标是提升用户体验，使用户在使用产品或系统时感到舒适、便捷、愉悦。通过考虑用户的心理和行为特征，设计团队可以创建出更符合用户期望的界面和交互方式，进而提升整体用户体验。

2. 减少用户学习成本

人性化设计有助于降低用户学习新产品或系统的成本。通过设计直观的用户界面、易于理解的交互流程，用户可以更快速地上手，减少因为使用新产品而需要投入大量时间学习的情况。

3. 提高产品可用性

人性化设计强调产品的可用性，即产品对用户的友好程度。良好的人性化设计能够降低用户犯错的概率，减少用户在使用过程中的困扰，提高产品的整体可用性。

4. 增加用户忠诚度

通过考虑用户的情感需求，人性化设计有助于建立用户对产品或品牌的情感连接。用户体验良好的产品会使用户更倾向于长期使用，并愿意推荐给他人，从而增加用户的忠诚度。

（三）功能性设计与人性化设计的相互关系

1. 综合考虑

功能性设计和人性化设计并非对立的概念，而是需要综合考虑的两个方面。在产品开发的初期，设计团队应该确保产品能够实现其功能，并在此基础上，通过人性化设计来提高产品的易用性和用户体验。

2. 功能性服务人性化

功能性设计为人性化设计提供了基础。如果产品或系统不能稳定、高效地执行其功能，即使再人性化的设计也难以在实际使用中取得好的效果。因此，功能性设计为人性化设计提供了可靠的支持。

3. 用户需求引导功能性设计

人性化设计应该始终以用户需求为导向，而这也将影响功能性设计的方向。用户需求的充分理解将促使设计团队优先考虑实现哪些核心功能，以满足用户的实际需求。

（四）在不同领域的应用

1. 软件开发

在软件开发领域，功能性设计重视软件的核心功能，确保软件能够实现用户期望的操作。而人性化设计则负责设计用户友好的界面、简化用户操作流程，提高软件的易用性和用户体验。

2. 产品设计

在产品设计领域，功能性设计确保产品能够正常工作并实现其基本功能。人性化设计则更加关注产品的外观、手感、交互方式等，以提升用户对产品的整体感受。

3. 网站与应用界面设计

在网站和应用界面设计中，功能性设计确保网站或应用的各个功能模块能够正常运行。人性化设计通过直观的导航、清晰的信息结构、符合用户习惯的交互方式，提升用户在网站或应用中的浏览和操作体验。

4. 智能系统设计

在智能系统设计领域，功能性设计关注系统的核心算法和逻辑，确保系统能够准确、高效地实现其智能功能。人性化设计则更加关注用户与智能系统的交互方式，通过自然语言处理、可视化界面等手段，提高用户对智能系统的理解和接受度。

5. 建筑与空间设计

在建筑与空间设计领域，功能性设计关注建筑的结构、布局、设备配置等，确保建筑能够满足使用需求。人性化设计则通过人性化的空间布局、舒适的环境设计、智能化的控制系统等，提高居民对建筑空间的生活质量。

（五）功能性与人性化设计的挑战与突破点

1. 整合性设计的挑战

在实际应用中，功能性设计和人性化设计需要进行有效的整合，以确保两者之间的平衡。挑战在于，一方面要保持产品或系统的核心功能完整和高效，另一方面要确保用户界面的友好性和易用性。通过强调跨学科的团队合作、使用原型设计和用户测试等方法，可以更好地实现功能性与人性化设计的有效整合。

2. 多样性用户群体的考虑

用户群体的多样性是功能性与人性化设计中的挑战之一。不同年龄、文化背景、能力水平的用户对产品或系统的需求和使用方式有所不同。为了满足多样性用户的需求，设计团队需要进行深入的用户研究，从而为不同用户群体提供个性化的设计方案。

3. 技术发展对设计的影响

随着科技的不断发展，新的技术可能对功能性与人性化设计带来新的挑战和机遇。例如，虚拟现实（VR）和增强现实（AR）技术的应用可能要求设计团队重新思考用户界面和交互方式。因此，设计团队需要密切关注技术发展，及时调整设计策略。

4. 隐私与安全问题

随着人性化设计的发展，对用户个人信息的收集和处理也逐渐增多。因此，隐私和安全问题成为设计中需要特别关注的方面。在设计过程中，需要制定严格的隐私政策、采用安全加密技术，以保障用户信息的安全和隐私。

（六）未来发展趋势

1. 智能化与人性化的融合

未来，随着人工智能、物联网等技术的不断发展，功能性与人性化设计将更加紧密地融合。智能化的产品和系统将更好地理解用户的需求，通过学习和适应不断提升用户体验。例如，在智能家居领域，系统可以综合用户的习惯自动调整照明、温度等，实现更贴近用户期望的功能。

2. 用户参与式设计

未来设计趋势将更加强调用户参与。设计团队将积极与用户互动，收集用户的反馈和建议，从而更好地理解用户需求。通过用户参与式设计，可以更准确地把握用户的心理和行为，从而实现更符合用户期望的功能性与人性化设计。

3. 情感化设计的崛起

除了传统的人性化设计外，未来将更多强调情感化设计。产品和系统将更加注重激发用户的情感共鸣，通过色彩、音效、交互等方式，创造更具情感吸引力的用户体验。这有助于提升用户对产品的情感连接，增强用户忠诚度。

4. 数据驱动的设计

未来设计将更加依赖数据驱动。通过大数据分析和用户行为数据，设计团队可以更深入地了解用户需求和习惯，进而优化产品设计。数据驱动的设计将成为实现功能性与人性化平衡的重要手段。

功能性与人性化设计在产品、系统和服务的开发中起着至关重要的作用。功能性设计确保产品能够实现其基本功能，而人性化设计提升了用户体验和用户满意度。在未来的发展中，两者将更加紧密地融合，智能化、用户参与式设计、情感化设计和数据驱动的设计等趋势将推动功能性与人性化设计不断创新，以满足用户日益增长的需求。

二、可持续性与绿色设计理念

在现代社会，全球范围内的环境问题日益凸显，气候变化、资源枯竭、生态破坏等挑战着人类的可持续发展。在这一背景下，可持续性和绿色设计理念逐渐成为产品、建筑、城市规划等领域的重要指导原则。本章节将深入探讨可持续性和绿色设计理念的含义、重要性，以及在不同领域的具体应用。

（一）可持续性与绿色设计理念的定义

1. 可持续性

可持续性是指满足当前需求而不损害满足未来需求的能力。在环境科学和社会经济学中，可持续性强调维持和促进人类社会与自然环境之间的平衡，以确保资源的合理利用、环境的健康和社会的稳定。

2. 绿色设计理念

绿色设计是一种以减少对环境影响为目标的设计方法。它重视在产品、建筑或服务的整个生命周期中减少资源消耗、降低废弃物产生、减少对环境的负面影响，从而实现可持续发展的目标。

（二）可持续性与绿色设计的重要性

1. 环保意识的提高

全球范围内环保意识的提高使人们更加关注生态环境的健康。通过可持续性和绿色设计，可以减缓资源的消耗和环境的破坏，促进生态平衡的维持。

2. 资源有限性的认识

人们逐渐认识到地球资源的有限性，包括能源、水资源、土地等。在这种认知下，可持续性和绿色设计成为实现资源有效利用的关键手段，以确保资源的长期可持续性利用。

3. 社会责任感的崛起

企业和组织逐渐认识到自身在社会和环境中的责任。采用可持续性和绿色设计理念不仅有助于降低企业的环境风险，还能够提升企业的社会责任形象，满足消费者对可持续产品的需求。

4. 法律法规的推动

许多国家和地区制定了一系列法规和政策，以促使企业和个人采取更加环保的做法。通过法律方式推动可持续性和绿色设计的实施，从而形成更加有利于环境的经济和社会体系。

（三）可持续性与绿色设计在不同领域的应用

1. 产品设计

在产品设计中，可持续性和绿色设计理念的应用表现为采用环保材料、降低能耗、减少废弃物产生等方面。例如，采用可回收材料制造产品、设计易拆解的结构以方便回收和再利用。

2. 建筑设计

在建筑设计领域，可持续性和绿色设计的关注点包括节能减排、水资源管理、绿色建材使用等。绿色建筑通过采用能源高效的技术、优化建筑结构、设置绿化屋顶等手段，减少对自然资源的依赖和环境的破坏。

3. 城市规划

在城市规划中，可持续性和绿色设计理念的体现包括合理规划城市用地、建设低碳交通系统、创建城市绿地等。通过合理规划，可以提高城市的可持续性，改善居民的生活质量，降低城市对周边环境的压力。

4. 交通设计

在交通设计中，可持续性和绿色设计的应用主要体现在推动可持续交通方面。这包括采用清洁能源驱动的交通工具，优化交通系统以减少拥堵和排放，推动公共交通发展，鼓励骑行和步行等低碳出行方式。通过这些举措，可以降低交通对空气质量和环境的不良影响，促进城市交通的可持续发展。

5. 农业与食品产业

在农业和食品产业中，可持续性和绿色设计的应用重点在于推动有机农业、减少化肥和农药的使用、提高水资源利用效率等。通过采用可持续农业和生态友好的种植方式，可以减少对土壤和水资源的污染，提高农产品的品质。

6. 能源产业

在能源产业中，可持续性和绿色设计主要体现在推动可再生能源的利用，减少对化石燃料的依赖。通过发展太阳能、风能、水能等可再生能源，减少温室气体排放，实现清洁能源的可持续发展。

（四）可持续性与绿色设计的挑战与突破点

1. 技术创新的挑战

在可持续性和绿色设计中，技术创新是实现可持续发展的关键。然而，新技术的研发和应用也面临一系列挑战，包括高昂的研发成本、技术不成熟、市场推广难度大等。突破这些技术挑战需要政府、企业和科研机构的共同努力，加强科研投入，推动绿色技术的创新与应用。

2. 市场需求的引导

市场需求是推动可持续性和绿色设计发展的关键。然而，一些消费者对可持续产品的认知仍存在局限，部分人更关注产品的价格和外观等因素。因此，需要通过加强宣传教育、提高消费者对可持续性的认知，引导市场需求朝向更加绿色、可持续的方向。

3. 产业链的协同合作

实现可持续性和绿色设计需要整个产业链的协同合作。然而，产业链中的各个环节可能存在信息不对称、利益冲突等问题。要解决这些问题，需要建立更加完善的产业联盟和合作机制，促使各个环节共同推动可持续发展。

4. 法规政策的支持

政府的法规政策对可持续性和绿色设计的推动至关重要。一方面，需要建立更加完善的法规体系，规范产业发展，推动企业采用绿色技术和设计。另一方面，政府还可以通过制定税收政策、提供创新基金等方式，给予可持续和绿色产业更多的支持。

（五）未来发展趋势

1. 绿色数字化

未来，绿色数字化将成为可持续性和绿色设计的新趋势。通过运用信息技术、大数据、人工智能等先进技术，可以更好地监测和管理资源利用，实现更精准的环保决策。数字化技术的应用有助于提高能源效益、减少废弃物、降低碳排放。

2. 循环经济模式

未来，循环经济将成为可持续性和绿色设计的主要发展方向。循环经济强调将产品、材料循环使用，减少废弃物产生。通过推动可持续性的设计和生产，将资源的使用和浪费降至最低，实现经济和环境的双赢。

3. 生态城市规划

随着城市化进程的加速，未来的城市规划将更加关注生态可持续性。生态城市规划强调绿地保护、交通绿化、低碳建筑等方面，通过科学的规划和管理，提高城市对自然环境的适应能力，创造更宜居的城市环境。

4. 绿色金融的兴起

未来，绿色金融将对可持续性和绿色设计的发展产生积极影响。绿色金融是指通过金融手段支持环保、低碳、可持续发展的项目。通过绿色金融的引导和支持，有助于提高可持续性和绿色设计的投资吸引力，推动绿色产业的发展。

可持续性和绿色设计理念是适应当今社会和环境挑战的关键策略。通过在产品、建筑、城市规划等领域的应用，可实现资源的有效利用、环境的保护，以及社会的可持续发展。在面临全球性的气候变化和生态环境压力的情况下，可持续性和绿色设计已经成为推动整个社会向更加可持续方向发展的关键力量。

三、安全性与紧急情况应对

在现代社会，安全性是人们生活和工作中至关重要的一环。无论是个人、组织还是社会，都需要关注和采取措施保障安全。同时，紧急情况的发生是不可预测的，因此建立有效的紧急情况应对机制也显得尤为重要。本文将深入探讨安全性的概念、其在不同领域的应用，以及紧急情况的种类及应对策略。

（一）安全性的概念

1. 安全性的定义

安全性是指在各种情境下，保护人们、财产和环境免受潜在危险和威胁的能力。安全性包括物理安全、网络安全、生态安全等多个层面，是一个综合性的概念。

2. 安全性的重要性

安全性的重要性不仅体现在个人层面，也贯穿于组织和社会的方方面面。在个人生活中，安全性直接关系到个体的生命、财产安全，而在组织和社会层面，安全性的维护涉及整个社会的稳定和可持续发展。

3. 安全性的层面

安全性可分为多个层面，其中包括以下几点：

物理安全：保障人员和财产免受犯罪、事故或其他物理威胁的伤害。

网络安全：防范网络攻击、数据泄露和网络犯罪，确保信息系统的正常运行。

生态安全：关注环境的健康和可持续性，防止自然灾害和人为活动对生态系统造成的破坏。

社会安全：着重于维护社会秩序和稳定，防范犯罪、社会动荡等因素对社会的负面影响。

（二）安全性在不同领域的应用

1. 交通领域安全

在交通领域，安全性是一个至关重要的议题。交通事故可能导致人员伤亡和财产损失，因此需要采取措施确保道路交通的安全。这包括制定交通规则、改善道路设计、推广交通安全教育以及引入智能交通系统等。

2. 工业领域安全

在工业领域，安全性关系到员工的健康和企业的稳定运行。通过采取安全标准、培训员工的安全意识、定期进行设备检查和维护，可以最大限度地降低工业事故的发生概率。

3. 信息技术领域安全

随着信息技术的发展，网络安全成为一个日益突出的问题。保护个人隐私、防范网络攻击和数据泄露，需要采取密码学方式、网络防火墙、安全认证等技术措施，确保信息系统的安全性。

4. 生态环境领域安全

在生态环境领域，安全性主要体现在对自然资源和生态系统的保护。采取可持续的资源利用策略、推动环保法规的实施、进行环境监测和治理，是维护生态环境安全的重要手段。

5. 医疗领域安全

在医疗领域，安全性与患者的生命安全直接相关。医疗机构需要建立严格的医疗标准、确保医疗设备的正常运行，培训医护人员的紧急救护能力，以及加强医疗信息系统的数据安全。

（三）紧急情况的种类及应对策略

1. 自然灾害

自然灾害包括地震、洪水、飓风、火灾等。应对策略包括建设抗震建筑、实施防洪工程、建立灾害预警系统、进行紧急疏散演练等。

2. 人为事故

人为事故可能包括工业事故、交通事故等。应对策略包括建立完善的安全管理体系，加强培训，定期进行安全演练，确保员工对紧急情况的应对能力。

3. 健康突发事件

健康突发事件，如传染病暴发，需要迅速采取措施，包括隔离患者、提供紧急医疗服务、加强疫情监测和信息传播，以控制病情的蔓延。

4. 网络安全事件

网络安全事件可能导致数据泄露、系统瘫痪等后果。应对策略包括建立强大的网络防护体系，定期进行安全检查和漏洞修复，提高员工的网络安全意识，沉着应对网络攻击。

5. 恐怖袭击

恐怖袭击可能发生在公共场所、交通枢纽等地。应对策略包括加强安保措施，建立安检系统，提高应急响应能力，进行模拟演练，以确保在紧急情况下能够快速有效地应对袭击事件。

（四）安全性与紧急情况应对的挑战与突破点

1. 跨领域合作的挑战

在复杂多样的社会系统中，安全性和紧急情况应对往往涉及多个领域，需要跨部门、跨行业的合作。挑战在于协调各方资源、信息共享、建立统一的指挥体系，以应对全面、多方面的安全挑战。

2. 技术创新的推动

在安全性和紧急情况应对中，技术创新起着关键作用。然而，技术创新也面临着新的挑战，包括隐私保护、伦理道德等问题。推动技术创新需要在确保安全性的前提下，寻求技术的突破点，解决技术发展中产生的伦理和社会问题。

3. 全球性安全挑战

随着全球化的深入，一些安全挑战具有全球性的影响。例如，气候变化、大规模传染病等问题跨越国界，需要全球范围内的合作。解决全球性安全挑战需要加强国际协作，制定全球性的规范和标准，共同应对全球性的安全威胁。

4. 公众参与的促进

在安全性和紧急情况应对中，公众的参与和配合至关重要。然而，公众可能缺乏对紧急情况的认知和准备，公众参与的程度可能受到制度、文化等因素的制约。为促进公众参与，需要加强公众教育、提高公众应对紧急情况的意识，建立公众与政府、企业之间的沟通渠道。

第二节　BIM 技术在建筑设计中的应用

一、BIM 的基本概念与原理

Building Information Modeling（BIM）即建筑信息模型，是一种集成数字化建筑设计、施工和运营管理的方法论。BIM 通过建立数字模型，使设计、建设和维护过程中的各个参与方能够在同一平台上协同工作。本章节将深入探讨 BIM 的基本概念、原理、应用领域以及对建筑行业的影响。

（一）BIM 的基本概念

1.BIM 的定义

BIM 是一种基于数字化模型的建筑设计和管理方法，通过集成各个阶段的信息和参与者，实现对建筑全生命周期的全面管理。这一方法不仅关注建筑的几何形状，而且包括了建筑元素的属性信息，如材料、成本、进度等。

2.BIM 的关键特征

信息集成：BIM 模型中包含了各种建筑信息，如几何信息、属性信息、时间信息、成本信息等，这些信息在整个建筑生命周期中被集成和共享。

协同合作：BIM 促使建筑生命周期各个阶段的参与方共同工作，通过数字化模型进行信息交流，提高沟通效率，减少信息传递中的误差。

全生命周期管理：BIM 覆盖了从设计、施工到运营和维护的整个建筑生命周期，实现了信息的延续性和可持续性管理。

数据可视化：BIM 模型可以通过视觉化手段呈现建筑的各个方面，使各参与方更直观地了解设计方案、施工进度等信息。

（二）BIM 的基本原理

1. 信息建模

BIM 的核心是建立数字模型，这是一个包含了建筑各个方面信息的三维模型。信息建模的原理在于将建筑的几何形状与属性信息相结合，形成一个包含多维数据的数字模型。这种模型不仅是静态的几何图形，而且包括了材料、成本、进度等动态信息。

2. 参数化设计

BIM 中采用参数化设计原理，即在建模的过程中引入参数，通过调整参数来改变建筑的设计。这使得设计师能够更加灵活地进行方案调整，通过改变参数迅速生成不同设计方案，提高了设计效率和创造力。

3. 协同合作

BIM 的协同合作原理在于实现建筑生命周期各个阶段的参与方之间的信息共享与交流。通过建立统一的数字模型，建筑设计师、结构工程师、施工方、业主等参与方能够在同一平台上协同工作，及时共享信息，减少信息传递的时间和误差。

4. 可视化与模拟

BIM 通过可视化与模拟原理，将建筑的信息以图形化的方式呈现出来。这不仅有助于设计师更好地理解设计方案，而且能够帮助业主、施工方等参与方更直观地了解建筑的结构、外观、施工进度等信息。

(三)BIM 的应用领域

1. 设计阶段

在设计阶段，BIM 可用于实现建筑方案的快速调整和优化。设计师可以通过调整数字模型的参数，快速生成不同设计方案，并通过可视化方式展示给业主和其他相关方，以便做出更为明智的决策。

2. 施工阶段

在施工阶段，BIM 可用于生成施工图、进行碰撞检测、优化施工流程。施工方能够通过数字模型对施工进度进行模拟和管理，实现施工过程的优化和精确控制。

3. 运营与维护阶段

在建筑交付后，BIM 模型仍然对运营与维护阶段产生重要影响。建筑设施管理人员可以通过 BIM 模型获取建筑设备的信息，进行设备维护管理、能耗分析等，实现对建筑的长期可持续管理。

(四)BIM 对建筑行业的影响

1. 提高效率

BIM 的采用大大提高了建筑设计、施工和管理的效率。通过数字化模型，设计师能够迅速生成不同设计方案，施工方能够实现施工流程的优化，而在运营与维护阶段，建筑设施管理人员可以更迅速、精确地获取建筑信息，实现设备维护管理的智能化。

2. 降低成本

BIM 的应用有助于降低建筑项目的成本。在设计阶段，通过数字模型的参数化设计，可以快速评估不同设计方案的成本。在施工阶段，BIM 可以进行碰撞检测，减少施工过程中的错误和重新工作，提高施工效率，降低施工成本。

3. 提高质量

BIM 有助于提高建筑项目的设计和施工质量。通过数字模型的可视化与模拟，设计师和施工方可以更好地理解设计方案和施工流程，减少设计错误和施工缺陷，提高建筑的整体质量。

4. 改善沟通与协作

BIM 的协同合作原理有助于改善项目各参与方之间的沟通与协作。各方能够在同一数字平台上共享信息，减少信息传递中的误差，提高沟通效率。这对于多方参与的大型建筑项目来说尤为重要。

5. 促进可持续发展

BIM 的全生命周期管理原理有助于促进建筑行业的可持续发展。通过对建筑信息的全面管理，能够更好地实现建筑资源的合理利用、减少浪费，推动建筑行业向着更加可持续的方向发展。

（五）BIM 的挑战与未来发展趋势

1. 数据安全与隐私问题

随着建筑信息的数字化，数据安全与隐私问题成为 BIM 发展面临的挑战。数字模型包含大量敏感信息，保障这些信息的安全性和隐私性对于 BIM 的可持续发展至关重要。未来，BIM 技术需要加强数据加密、权限管理等方面的保障措施，以确保建筑信息的安全。

2. 标准化与互操作性

由于 BIM 软件和工具的多样性，存在标准化和互操作性的问题。建筑行业需要制定统一的 BIM 标准，以确保各类软件和工具之间能够更好地进行数据交换和共享。推动 BIM 的标准化将促进行业更广泛的应用。

3. 技术人才短缺

BIM 的广泛应用需要大量具备相关技术知识和经验的人才。目前，行业内对于 BIM 技术人才的需求远远超过供给，存在技术人才短缺的问题。为了推动 BIM 的发展，建筑行业需要加大对相关领域的培训和教育力度，以培养更多的专业人才。

4.BIM 的普及与推广

虽然 BIM 已经在一些大型建筑项目中得到了广泛应用，但在一些中小型项目中，BIM 的普及和推广仍面临一定的阻力。这包括了软件和培训成本的考虑、企业管理层的接受度等问题。未来，需要通过降低软件成本、加大宣传教育力度等方式，推动 BIM 技术在更多项目中的应用。

二、BIM 在建筑设计中的协同作业

（BIM）作为一种数字化建筑设计和管理的方法，极大地改变了建筑行业的工作方式。其中，BIM 在建筑设计中的协同作业是其重要应用之一。本章节将深入探讨 BIM 在建筑设计中的协同作业原理、优势、实际应用以及未来发展趋势。

（一）BIM 在建筑设计中的协同作业原理

1. 统一的数字模型

BIM 的核心在于建立统一的数字模型，这个数字模型包含了建筑设计、结构、设备等多方面的信息。设计师、结构工程师、设备工程师等各参与方通过在这一模型中协同工作，能够实现对建筑全生命周期的全面管理。

2. 多方参与的协同合作

BIM 的协同作业原理在于实现多方参与的协同合作。设计师、结构工程师、设备工程师、施工方、业主等各个阶段的参与者可以通过数字模型在同一平台上进行工作。他们可以实时监督和编辑数字模型，通过模型进行信息共享、协同决策和工作流程的优化。

3. 协同信息交流与共享

BIM 模型中包含了建筑设计的多方面信息，包括几何信息、属性信息、时间信息、成本信息等。这些信息通过数字模型可以进行实时的交流与共享。协同信息交流与共享的原理在于通过数字平台实现各参与方之间信息的即时传递，减少信息传递中的误差，提高沟通效率。

4. 可视化的协同工作

BIM 的可视化原理有助于实现协同工作的直观展示。各参与方能够通过数字模型更清晰地了解建筑设计方案、施工流程、设备布置等方面的信息。可视化的协同工作使得沟通更加直观、有效，有助于提高设计质量和施工效率。

（二）BIM 在建筑设计中的协同作业优势

1. 信息统一，降低误差

BIM 的协同作业通过建立统一的数字模型，实现了信息的一致性。各参与方在同一平台上工作，不再存在信息不同步、不一致的问题，进而大大降低了设计和施工中的误差。

2. 实时协同决策，提高效率

BIM 模型中的实时协同工作使得各参与方能够实时查看和编辑建筑信息。在设计和施工的过程中，各方可以通过数字平台进行实时的协同决策，避免了信息传递的时间延迟，提高了工作效率。

3. 优化工作流程，减少冲突

BIM 的协同作业通过数字模型进行碰撞检测，能够在设计阶段及时发现和解决各类冲突。这有助于优化设计方案，减少施工过程中的变更和重复工作，提高了工作流程的顺畅度。

4. 信息可视化，提高沟通效果

BIM 模型的可视化特性使得设计方案、施工流程等信息可以图形化的方式呈现。这有助于各参与方更直观地了解建筑设计，提高了沟通效果。设计师、业主、施工方之间能够更容易地达成共识，推动项目的顺利进行。

5. 全生命周期管理，提高维护效率

BIM 的协同作业不仅覆盖了设计和施工阶段，而且延伸至建筑的运营和维护阶段。通过数字模型，建筑设施管理人员能够实时获取建筑信息，进行设备维护管理、能耗分析等，提高了维护效率。

（三）BIM 在建筑设计中的实际应用

1. 设计协同

在设计阶段，BIM 的协同作业被广泛应用于设计协同中。设计师、结构工程师、设备工程师等多方参与者通过数字模型实时协同工作，共同优化设计方案。他们可以通过模型查看并编辑设计细节，快速生成不同设计方案，实现设计的灵活性和高效性。

2. 碰撞检测

BIM 的协同作业在施工前期尤其重要，其中碰撞检测是一个关键的应用。通过数字模型，各专业工程师可以在同一平台上进行碰撞检测，及时发现各专业之间的冲突。这有助于避免在施工过程中出现设计错误、工程变更等问题，提高了施工的精确性和效率。

3. 工程进度管理

BIM 在建筑设计中的协同作业还可用于工程进度的管理。各参与方可以在数字模型中标记出施工计划、关键节点等信息，通过模型实现对工程进度的可视化管理。这使得项目各方更容易了解工程的整体进展，及时应对可能的延期和变更。

4. 设备布局与维护

在建筑交付后，BIM 的协同作业不仅限于设计和施工阶段，而且还延伸至建筑的运营和维护阶段。通过数字模型，建筑设施管理人员可以查看建筑设备的布局、运行状态等信息，进行设备维护管理和定期检查。这有助于提高设备的使用寿命，降低维护成本。

5. 项目协同管理

BIM 在建筑设计中的协同作业也被广泛应用于项目管理中。各参与方可以通过数字平台实现对项目的协同管理，包括文件共享、任务分配、进度跟踪等。这有助于提高项目管理的效率，确保项目按计划推进。

（四）BIM在建筑设计中的挑战与未来发展趋势

1. 教育与培训

随着BIM技术的广泛应用，建筑行业对于BIM专业人才的需求不断增加。然而，目前仍存在BIM专业人才短缺的问题。在未来，需要加强对相关领域的教育和培训，培养更多熟练掌握BIM技术的专业人才。

2. 标准化与互操作性

由于BIM软件和工具的多样性，标准化和互操作性仍然是一个挑战。建筑行业需要制定更加统一的BIM标准，以促进各类软件和工具之间的数据交换和共享，提高协同作业的效果。

3. 数据安全与隐私

随着建筑信息的数字化，数据安全与隐私问题愈加突出。BIM模型中包含大量敏感信息，如何保障这些信息的安全性和隐私性是一个亟待解决的问题。未来需要在技术和政策层面加强对数据安全与隐私的保护。

4. 跨行业协同

在建筑项目中，往往涉及多个行业的合作，如建筑设计、结构设计、设备设计等。跨行业的协同作业仍然面临一定的挑战，需要建立更加密切的合作机制，促进各行业之间的信息共享和协同工作。

5. 智能化与人工智能的应用

未来，随着智能化技术和人工智能的不断发展，BIM在建筑设计中的协同作业也将迎来新的发展趋势。智能化工具和算法的应用将进一步提高协同作业的效率，实现更加智能、精准的建筑设计和管理。

6. 拓展全生命周期管理

随着BIM的不断发展，建筑行业将进一步拓展对建筑全生命周期的管理。从设计、施工到运营和维护，将实现更全面、更智能的建筑生命周期管理，为建筑行业的可持续发展提供更为全面的支持。

BIM在建筑设计中的协同作业不仅是一种工具或方法，而且是一种思维方式的转变。通过数字化模型，各参与方能够在同一平台上实时协同工作，提高了设计和施工的效率，降低了误差，促进了建筑行业的可持续发展。未来，随着技术的不断创新和行业的深入应用，BIM在建筑设计中的协同作业将迎来更为广阔的发展前景。

第三节　智能建筑的空间规划与布局

一、空间感知与灵活布局设计

空间感知和灵活布局设计是建筑设计中的两个重要方面，它们直接影响着建筑的实用性、舒适性和美学。本章节将深入探讨空间感知和灵活布局设计的概念、原理、实际应用以及对建筑设计的影响。

（一）空间感知的概念与原理

1. 空间感知的定义

空间感知是指个体对周围环境空间的感知和认知过程，涉及视觉、听觉、触觉等多个感官的协同作用。在建筑设计中，空间感知是人们对建筑空间结构和形式的主观体验，包括空间的大小、形状、布局、采光等方面。

2. 空间感知的原理

尺度感知：空间的尺度对人的感知产生重大影响。大尺度的空间可能会让人感觉开阔、自由，而小尺度的空间则可能带来温馨、亲密感。设计师通过控制空间的尺度，影响人们对空间的感知。

形状感知：空间的形状也是影响感知的重要因素。不同形状的空间会引发不同的情感和体验。设计师通过巧妙的形状设计，可以打破传统的空间认知，创造出独特的空间体验。

材质和颜色感知：材质和颜色对空间的感知同样起着关键作用。温暖的色调和自然的材质可以营造出舒适、宜人的感觉，而冷色调和金属材质则可能带来现代感和冷漠感。

光影感知：光影是空间感知中的重要元素，可以改变空间的氛围和表现形式。合理的采光设计、光影的变化可以使空间更加丰富多彩，引导人们对空间产生不同的感觉。

（二）空间感知在建筑设计中的应用

1. 开放式空间设计

开放式空间设计是一种利用大空间、无障碍墙壁的设计方式，通过开敞的空间结构来增强空间的尺度感知。这种设计常用于办公室、居住区等地方，营造出宽敞、通透的氛围，促使人们产生自由、舒适的体验。

2. 材质与颜色的运用

在建筑设计中，设计师可以通过选择不同的材质和颜色来影响空间感知。例如，在一个公共空间中使用温暖的木材和柔和的色调，可以营造出温馨、宜人的氛围，使人们感到舒适自在。

3. 光影设计

合理的光影设计是空间感知中的重要因素。通过窗户的布置、灯光的设计等手段，可以使阳光或灯光在空间中形成不同的光影效果，营造出动态、生动的氛围，提升空间的艺术性。

4. 艺术结构设计

在现代建筑设计中，一些建筑师通过引入抽象的、艺术化的结构元素，如曲线、悬挑结构等，来打破传统的空间认知，创造出富有艺术感的空间。这种设计旨在通过独特的结构形式引发人们对空间的思考和感知。

（三）灵活布局设计的概念与原理

1. 灵活布局的定义

灵活布局是指建筑内部空间的设计能够适应不同需求和用途的变化，具有多功能性和可调整性。这种设计使得空间不仅具有通用性，而且还能够根据不同的时间和使用情境进行灵活的变化。

2. 灵活布局的原理

可移动隔断：采用可移动的隔断墙或隔断家具，使得空间可以根据需要进行分隔或合并，实现不同功能区域的划分。

多功能家具：设计师可以采用可调整、多功能的家具，如折叠桌椅、可调节高度的桌子等，使得同一空间可以适应不同的活动需求。

开放式设计：采用开放式设计，尽量减少固定的隔断和结构，使得空间更具通透性，更易于进行灵活的布局调整。

可调节照明和氛围设计：通过灯光、窗帘等元素的调整，使得空间的氛围可以根据不同需求和用途进行变化，提高了空间的灵活性。

（四）灵活布局在建筑设计中的应用

1. 办公空间设计

在现代办公环境中，灵活布局设计得到广泛应用。采用可移动的隔断、可调节高度的工作桌椅等，使得办公空间可以根据员工的工作需要进行灵活的布局调整。例如，开放式办公区域可以促进团队协作，而需要专注工作的时候，可以通过移动隔断划分出相对独立的工作空间。

2. 居住空间设计

在居住空间中，灵活布局设计可以提高空间的利用率和适应性。可移动的隔断墙、折叠式家具等设计元素，使得同一居住空间可以适应不同的功能需求，如客厅与卧室的合并、多功能空间的划分等。

3. 商业空间设计

商业空间常常需要根据不同的促销活动、季节变化等进行布局调整。运用灵活的布局设计，商业空间可以更快速地适应市场需求的变化，提高空间的灵活性和营业效益。

4. 教育空间设计

在教育空间中，如教室、图书馆等，采用灵活布局设计可以更好地满足不同教学和学习活动的需求。可移动的教室隔断、可调节桌椅等设计元素，使得空间可以灵活切换为讲座、小组讨论、自习等不同用途。

（五）空间感知与灵活布局设计的结合应用

1. 提升空间体验

将空间感知与灵活布局设计相结合，可以更好地提升空间的整体体验。通过合理的空间感知设计，使人在空间中感到舒适、自在；而通过灵活布局设计，帮助空间更贴近人们的实际需求，提高空间的使用效率。

2. 创造多元化空间

结合空间感知与灵活布局，可以创造出多元化的空间。同一空间既可以通过不同的灵活布局满足不同功能需求，又能够通过空间感知的设计提升空间的艺术性和个性化。

3. 适应不同场景

在建筑设计中，将空间感知与灵活布局相结合，使得建筑更能够适应不同的场景和用途。例如，一个多功能的大厅既可以通过合理的空间感知设计增强艺术氛围，又能够通过灵活布局迅速变为会议场所或演出场地。

4. 优化空间利用率

灵活布局设计有助于优化空间的利用率，而空间感知的设计则使得优化后的空间更符合人们的审美和感知需求。这样的设计能够使建筑更具吸引力，提高建筑的使用率和满意度。

（六）未来发展趋势

1. 智能化技术的应用

未来，随着智能化技术的不断发展，空间感知与灵活布局设计将更加注重智能化的应用。智能感知系统可以通过感知用户的行为和需求，自动调整空间布局，提供更个性化、智能化的使用体验。

2. 环保与可持续性

在未来建筑设计中，空间感知与灵活布局将更加注重环保和可持续性。设计师将通过绿色建筑原则，结合空间感知设计和灵活布局，创造出更节能、环保的建筑空间。

3. 虚拟与现实的融合

随着虚拟现实（VR）和增强现实（AR）技术的发展，建筑设计可以更好地结合虚拟与现实，通过虚拟空间的模拟来优化实际空间的设计。这将为空间感知与灵活布局设计提供更多可能性。

4. 个性化设计

未来的建筑设计趋势将更加强调个性化。结合空间感知与灵活布局的设计将更加注重满足不同用户的个性化需求，创造出更符合用户审美和生活方式的建筑空间。

空间感知与灵活布局设计作为建筑设计中的两个重要方面，对于创造舒适、实用且具有艺术性的建筑空间起着关键作用。将这两者进行有机结合，能够更好地适应人们的需求，提高建筑的可持续性，并促使建筑设计朝着更智能、更环保、更个性化的方向发展。未来，随着技术和理念的不断创新，空间感知与灵活布局设计将继续推动建筑设计的进步。

二、功能区划与建筑内部流程优化

在建筑设计中，功能区划和内部流程优化是为了提高建筑的效能、满足使用者需求以及优化空间使用的关键因素。本章节将深入探讨功能区划和建筑内部流程优化的概念、原理、实际应用以及对建筑设计的影响。

（一）功能区划的概念与原理

1. 功能区划的定义

功能区划是指将建筑内部空间划分为不同的功能区域，每个区域具有明确的功能和用途。通过功能区划，建筑的各个部分可以更有序地组织，使使用者能够更便捷地找到所需功能区域，提高建筑的整体效能。

2. 功能区划的原理

用户需求分析：在进行功能区划时，首先需要对使用者的需求进行全面分析。通过了解使用者的日常活动、工作流程、空间需求等，可以确定功能区划的重点和优先级。

空间功能分配：根据用户需求，将建筑内部划分为不同的功能区域，如办公区、休息区、会议室、厨房等。每个功能区域应有明确的功能定位，以满足使用者的实际需求。

流线设计：在功能区划中，考虑流线设计是重要的原则。合理设计空间的流线，使得使用者能够方便、迅速地在不同功能区域之间移动，提高空间的可达性和便利性。

灵活性和可调整性：功能区划应具备一定的灵活性和可调整性，以适应不同时间段和使用需求的变化。可调整的隔断、可移动的家具等设计元素，有助于实现功能区域的多功能性和灵活性。

（二）功能区划在建筑设计中的应用

1. 商业空间设计

在商业空间中，功能区划对于提高商业效益至关重要。例如，零售空间可以划分为展示区、收银区、试衣区等功能区域，以优化购物流程，提升顾客体验。同时，商业空间的功能区划也需要考虑商品陈列、人流引导等因素，以最大程度地吸引顾客。

2. 办公空间设计

在办公空间中，合理的功能区划有助于提高工作效率和员工满意度。例如，将办公室划分为工作区、会议室、休息区等功能区域，使得员工能够在不同的空间中专注工作、进行会议或放松休息。这有助于营造积极的工作氛围，提高工作效率。

3. 住宅空间设计

在住宅设计中，功能区划是为了满足居住者的生活需求。将住宅空间划分为起居区、就餐区、卧室区等功能区域，使得居住者能够更好地组织自己的生活。同时，根据家庭成员的需求，可以设计出更加个性化、符合居住者生活方式的空间。

4. 教育空间设计

在教育空间中，功能区划需要考虑学生的学习需求和教育流程。例如，教室空间可以划分为教学区、讨论区、图书馆区等功能区域，以提供不同学科、不同学习方式的场所。优化功能区划可以帮助学生更好地集中注意力，提高学习效果。

5. 医疗空间设计

在医疗空间设计中，功能区划对提高医疗服务效率和患者体验至关重要。将医疗机构划分为接待区、诊疗区、手术区、等待区等功能区域，使得患者能够清晰了解不同区域的用途，方便就医流程。同时，合理的功能区划也有助于提高医护人员的工作效率，减少工作冲突。

（三）建筑内部流程优化的概念与原理

1. 建筑内部流程的定义

建筑内部流程是指建筑内不同功能区域之间以及内部各项活动之间的动态流动和交互过程。优化建筑内部流程旨在提高空间使用效率、降低能耗、提升用户体验。

2. 建筑内部流程优化的原理

流程分析：对建筑内部流程进行详细分析，了解各个功能区域之间的关系以及活动的顺序。通过流程分析，可以找到存在“瓶颈”和低效的环节，为优化提供依据。

空间布局优化：根据流程分析的结果，进行空间布局的优化。确保功能区域之间的距离和联系符合流程的要求，减少人员和物资在建筑内的不必要移动。

技术支持：引入先进的技术支持，如智能化系统、自动化设备等，以提高内部流程的效率。自动化系统可以帮助完成重复性工作，释放人力资源，提高工作效率。

人流与物流分离：通过设计合理的通道和运输系统，使人流和物流得以分离。这样可以避免人员与物品交叉运动，提高空间使用效率，减少拥堵和混乱。

（四）建筑内部流程优化在建筑设计中的应用

1. 商业空间流程优化

在商业空间设计中，流程优化是提高销售效能的重要方式。通过分析购物流程，合理设置商品陈列、支付点、试衣间等功能区域，使得顾客能够顺畅地完成购物流程，提高购物体验。

2. 办公空间流程优化

在办公空间设计中，流程优化有助于提高工作效率。例如，通过合理设置办公桌、会议室、休息区等功能区域，使员工在不同活动之间能够流畅切换，减少不必要的移动，提高工作效率。

3. 医疗空间流程优化

在医疗空间设计中，流程优化是提高医疗服务效率和患者满意度的关键。通过合理设置候诊区、诊室、检验室等功能区域，使患者能够根据流程有序就医，减少等待时间，提高医疗服务质量。

4. 教育空间流程优化

在教育空间设计中，流程优化有助于提高学习效果。通过合理设置教室、图书馆、实验室等功能区域，使学生能够有序进行学习活动，减少学习过程中的干扰和打扰，提高学习效率。

（五）功能区划与内部流程优化的结合应用

1. 提高空间整体效能

将功能区划与内部流程优化相结合，可以提高建筑空间的整体效能。通过合理设置功能区域，使得建筑内部的各项活动能够有序进行，减少不必要的时间浪费和能源消耗。

2. 提升用户体验

优化建筑内部流程和功能区划，有助于提升用户体验。使用者能够更方便、更快捷地找到所需的功能区域，完成各项活动，从而提高满意度和忠诚度。

3. 节约资源

通过内部流程的优化，可以减少不必要的物品和人员移动，降低能源消耗。合理设置功能区域，使得建筑内部的活动更加集中，减少资源浪费，有助于提高建筑的可持续发展。

4. 提高工作效率

在办公空间等场所，通过功能区划和内部流程优化，能够提高工作效率。员工能够更顺畅地完成工作流程，减少不必要的走动和等待时间，提高工作效能。

5. 优化建筑设计布局

将功能区划和内部流程优化纳入建筑设计的初期阶段，有助于优化建筑布局。合理安排各个功能区域的位置，使得建筑内部的流程更加流畅，进而提高整体的设计质量。

（六）未来发展趋势

1. 智能化技术的应用

未来，随着智能化技术的不断发展，功能区划与内部流程优化将更加注重智能化的应用。智能化系统可以通过感知用户的需求和行为，自动调整空间布局和内部流程，提高建筑的智能化水平。

2. 可持续发展的理念

在建筑设计中，可持续发展的理念将对功能区划与内部流程优化产生更深远的影响。设计师将注重通过优化建筑布局、合理利用自然光等方式，降低建筑的能耗，实现更环保和可持续的建筑设计。

3. 数据驱动的优化

在未来建筑设计中，功能区划与内部流程优化将更加依赖数据的分析与优化。通过收集和分析使用者行为数据，建筑设计师可以更准确地了解使用者的需求，从而更有针对性地进行功能区划和内部流程的优化。

4. 灵活性与可调整性

未来建筑设计中，功能区划与内部流程的设计将更注重灵活性和可调整性。建筑需要能够适应不同时间段和使用需求的变化，使得功能区域和内部流程更加灵活、易调整。

功能区划与建筑内部流程优化是建筑设计中重要的组成部分，对于提高建筑效能、满足使用者需求以及降低能耗有着重要的作用。将功能区划与内部流程优化有机结合，不仅能够提高建筑的整体效能和用户体验，还能够实现资源的节约和建筑设计的可持续发展。未来，随着技术的不断创新和社会需求的变化，功能区划与内部流程优化将继续发展，为建筑设计带来更多可能性。

第四节 环境友好型建筑设计

一、环保材料与可持续建筑设计

随着对环境保护和可持续发展意识的提高，建筑业逐渐转向更环保、更可持续的发展方向。环保材料的选择与可持续建筑设计密切相关，它不仅可以降低建筑的环境影响，而且能提高建筑的能效性和舒适性。本文将探讨环保材料与可持续建筑设计的关系，以及它们在建筑行业中的应用和未来发展趋势。

（一）环保材料的定义与分类

1. 环保材料的定义

环保材料是指在其生命周期内对环境影响较小、资源利用较高、可回收再利用或易于降解的建筑材料。这些材料通常具有低碳排放、低能耗、低污染的特点，以符合环保和可持续发展的原则。

2. 环保材料的分类

可再生材料：包括木材、竹材、用材等，它们具有短生长周期、资源可再生，且在生产和使用过程中产生的环境影响相对较小等特点。

回收材料：如再生钢铁、再生玻璃等，这些材料是通过回收再制造，减少了对原始资源的需求，有助于降低环境负担。

低污染材料：包括低挥发性有机化合物（VOCs）的涂料、无甲醛板材等，这些材料在使用过程中释放的有害气体较少，有助于提升室内空气质量。

节能材料：如保温材料、隔热材料等，能够有效提高建筑的能效性，减少对能源的依赖。

（二）环保材料在可持续建筑设计中的应用

1. 低碳建筑的理念

低碳建筑是指在建筑设计、建筑施工和运营阶段，最大程度地减少碳排放，以达到减缓气候变化的目标。选择环保材料是低碳建筑的核心策略之一，因为建筑材料的生产和使用过程中是碳排放的主要来源。

2. 节能与保温材料的应用

在可持续建筑设计中，节能与保温是关键的设计目标。采用环保的保温材料，如岩棉、玻璃棉等，可以有效隔离外界温度，减少室内冷热传递，提高建筑的能效性，降低能源消耗。

3. 绿色屋顶与透水铺装的使用

绿色屋顶和透水铺装是一种可持续建筑设计的方式。绿色屋顶采用植被覆盖，能够提供降低城市热岛效应、收集雨水、增加建筑隔热性能等多重效益。透水铺装则有助于雨水渗透，减少城市的地表径流，改善水资源利用效率。

4. 再生建筑材料的应用

再生建筑材料是通过回收和再加工废弃材料制成的新型建筑材料。例如，再生玻璃、再生金属、再生混凝土等，它们的使用有助于减少对原始资源的开采，降低环境压力。

5. 健康与环保的室内材料

选择健康环保的室内材料对于提升居住者的生活质量至关重要。无甲醛板材、低 VOCs 的涂料和黏合剂、天然材料等，有助于减少室内空气中有害物质的释放，保障居住者的健康。

（三）环保材料与可持续建筑的挑战与突破

1. 供应链与成本挑战

一些环保材料的供应链可能相对狭窄，导致价格较高。可持续建筑在选择环保材料时需要平衡成本与环保之间的考虑，同时通过技术创新和市场推广逐步降低环保材料的成本。

2. 材料性能与可持续性之间的平衡

在追求可持续性的同时，建筑材料必须满足一定的性能要求，如强度、耐久性等。设计师和制造商需要在环保性和性能之间找到平衡，以确保建筑的质量和安全性。

3. 循环利用与废弃物管理

尽管有再生建筑材料的应用，但建筑废弃物仍然是一个重要的挑战。建筑材料的生产和拆除会产生大量废弃物，如何实现建筑材料的有效循环利用，减少对环境的负担，需要制定全面的废弃物管理策略。

4. 教育与认知挑战

推动环保材料在可持续建筑中的应用还需要面对教育与认知挑战。建筑师、设计师、开发商以及普通居民需要更深入地了解环保材料的优势和可行性，以推动更广泛的应用。

（四）环保材料与可持续建筑的未来趋势

1. 生物材料的崛起

随着生物技术的不断发展，生物材料在可持续建筑中的应用将得到进一步推广。

生物基材料，如生物复合材料、菌类建筑材料等，具有生态友好、可降解的特性，有望在未来取得更大突破。

2. 智能材料的应用

智能材料，如自修复材料、光敏材料等，将为可持续建筑提供更多创新可能。这些材料能够自动修复损伤、响应环境变化，提高建筑的耐久性和效能。

3. 数字化设计与建造

数字化设计与建造技术将进一步推动可持续建筑的发展。通过数字化工具，建筑师可以更精准地计算和优化材料的使用，减少资源浪费；建筑过程的数字化也有望提高建筑施工的效率和质量。

4. 区块链技术的应用

区块链技术的逐渐应用将提高建筑材料的可追溯性和透明度。从材料的生产、运输到使用，区块链可以记录所有环节，保障建筑材料的来源合法、环保，推动建筑行业向更加透明、负责任的方向发展。

环保材料与可持续建筑设计密不可分，它们共同构筑着未来建筑行业的发展方向。在面临挑战的同时，越来越多的创新技术和材料不断涌现，为可持续建筑提供了更广阔的发展空间。通过全社会的共同努力，推动环保材料的研发与应用，以及可持续建筑设计的推广与实践，我们有望建设更环保、更健康、更宜居的未来社会。

二、能源效益与低碳排放设计

能源效益与低碳排放设计已成为当今建筑领域中至关重要的议题。随着全球对气候变化和可持续发展的关注不断增加，建筑业被迫重新审视其对能源的使用以及对环境的影响。本章节将深入探讨能源效益与低碳排放设计的重要性、原则、实施方法以及未来趋势。

（一）能源效益的重要性

1. 能源效益对环境的影响

能源效益是指在实现相同功能的前提下，尽量减少对能源的消耗。建筑领域对能源的需求占据了全球能源总需求的大部分，因此，提高建筑能源效益直接关系到全球能源消耗和环境可持续性的问题。通过采用高效能源设计，建筑能够减少对传统能源的依赖，从而减少温室气体排放，降低对环境的负担。

2. 能源效益对经济的影响

提高建筑的能源效益不仅有助于减少能源开支，还能为建筑业提供经济上的益处。通过降低能源使用，建筑业可以降低运营成本，提高建筑的市场价值。此外，推动能源效益还能激发清洁技术和绿色产业的发展，为经济注入新的增长动力。

（二）低碳排放设计的原则

1. 材料选择与建筑设计

低碳排放设计的关键之一是在建筑材料的选择和建筑设计中考虑碳足迹。使用环保材料、可再生材料，以及通过数字化设计工具优化建筑结构，都是实现低碳排放设计的重要步骤。此外，使用生态友好的施工和拆除方法也是关键因素。

2. 能源来源的选择与利用

选择清洁、可再生的能源来源是低碳排放设计的核心。利用太阳能、风能、地热能等可再生能源，以及采用高效的能源转换和存储技术，有助于减少对化石燃料的依赖，从而减缓气候变化的进程。

3. 高效能源系统与设备

采用高效能源系统和设备是实现低碳排放设计的关键措施。高效的供暖、通风、空调系统，以及采用智能控制系统，能够优化能源的使用，降低建筑的整体能耗。此外，推动能源设备的创新和智能化管理也是低碳设计的一部分。

（三）实施能源效益与低碳排放设计的方法

1. 建筑整体设计与规划

在建筑设计的早期阶段，就需要考虑到整体的能源效益与低碳排放设计。通过科学规划建筑的方位、布局，采用恰当的遮阳和保温措施，最大程度地减少对外部环境的依赖，提高建筑自身的能源利用效率。

2. 高效绝缘与隔热

高效的绝缘与隔热是降低建筑能耗的重要手段。合理选择绝缘材料，采用双层窗户、隔热墙体等设计，可以有效减少热量的散失，提高建筑的能源利用效益。

3. 采用清洁能源技术

推动清洁能源技术的应用是低碳排放设计的重要途径。太阳能电池板、风力发电机、地源热泵等技术的使用，能够实现建筑能源的自给自足，减少对传统能源的依赖。

4. 智能化能源管理系统

通过引入智能化能源管理系统，可以实现对建筑能源的实时监测和控制。这种系统可以根据建筑内外环境的变化，智能地调整照明、空调、供暖等设备的运行，确保在不影响舒适度的前提下最大限度地降低能耗。智能化能源管理系统还能提供数据分析和预测，帮助建筑管理者更好地了解能源使用情况，制定更科学的能源管理策略。

5. 智能建筑设计与技术

智能建筑设计采用先进的信息技术，通过传感器、自动控制系统等设备实现对建筑能源的智能化管理。智能建筑技术可以根据人员流量、天气状况等动态因素，自动调整照明、空调、供暖等系统的运行，以实现最优的能源利用效果。

（四）未来趋势与发展方向

1. 高效能源设备与技术创新

未来建筑领域将更加注重能源设备与技术的创新。高效能源设备、智能感知技术、新型材料等将不断涌现，为建筑提供更先进、更节能的解决方案。例如，光伏技术、能源存储技术、智能网联设备等的发展将进一步推动建筑行业向更可持续的方向发展。

2. 绿色建筑标准的普及与强化

各国纷纷推出并强化绿色建筑标准，以规范建筑的能源效益和环保水平。这些标准将促使建筑业更加注重能源效益与低碳排放设计，推动整个行业朝着更可持续的方向迈进。

3. 可再生能源的广泛应用

随着可再生能源技术的成熟和成本的下降，未来建筑将更广泛地应用太阳能、风能、地热能等可再生能源。建筑将逐渐摆脱对传统能源的依赖，实现更为绿色和自给自足的能源系统。

4. 低碳智慧城市的崛起

建筑将不再是孤立的存在，而是与城市中的其他建筑、交通系统等互相联通。低碳智慧城市的概念将推动城市规划与建筑设计更加重视整体能源效益，通过智能互联的方式实现城市能源资源的高效利用。

5. 智能建筑技术的不断演进

随着人工智能、物联网、大数据等技术的不断发展，智能建筑技术将迎来更为广泛的应用。未来的智能建筑将能够更精准地感知和调控能源使用，实现个性化的能源管理，提高建筑的整体效益。

能源效益与低碳排放设计已经成为建筑领域不可忽视的重要议题。通过合理的建筑规划、材料选择、智能化技术应用等手段，建筑业可以实现更为高效、清洁的能源利用，降低碳排放，为可持续发展做出积极贡献。随着科技的不断创新和社会的不断进步，未来建筑将更加智能、高效、环保，为人们提供更为宜居的空间。

三、环境友好型建筑的评估与认证标准

中国作为世界上最大的建筑市场之一，也越来越重视环境友好型建筑的发展。为了规范和推动建筑行业朝着更可持续的方向发展，中国制定了一系列环境友好型建筑的评估与认证标准。这些标准在引导建筑业采用更环保、更可持续的建筑设计和施工

方法方面发挥着关键作用。本章节将深入探讨中国环境友好型建筑的评估与认证标准，包括主要标准、评估体系、具体评估要素以及标准的应用情况。

（一）主要的中国环境友好型建筑认证标准

1. 三星级绿色建筑标识

三星级绿色建筑标识是中国绿色建筑评估与认证委员会（China Green Building Council，简称 CGBC）颁发的一种绿色建筑认证，也是中国最早推出的绿色建筑认证标识之一。该标识通过对建筑的节能、水资源利用、室内环境质量、材料选择等方面的综合评估，分为一星级、二星级、三星级。

2. 绿色建筑标识（GBL）

GBL 是中国建筑业绿色建筑评价体系的认证标识，是由中国建筑业绿色建筑评价与认证领导小组制定的。GBL 认证的主要评估要素包括节能与资源利用、水资源管理、环境与室内空气质量、健康与舒适性、管理与创新五个方面。

3. 绿色建筑三星级（星级）标志

绿色建筑三星级标志是中国建筑业绿色建筑评价与认证领导小组颁发的认证标志，该标志包含了能源与资源、水资源、环境与室内空气、健康与舒适性、管理与创新等五个维度的评估。星级标志分为一星级、二星级、三星级。

4. 绿色建筑设计标志

绿色建筑设计标志是由中国建筑业绿色建筑评价与认证领导小组颁发的，该标志主要评估建筑的节能、水资源管理、环境质量等方面。与其他认证标识不同，绿色建筑设计标志主要强调对建筑设计过程的评估。

5. 绿色建筑施工标志

绿色建筑施工标志由中国建筑业绿色建筑评价与认证领导小组颁发，该标志主要评估建筑在施工过程中的环保、节能、资源利用等方面。它强调建筑在施工阶段的可持续性。

（二）中国环境友好型建筑认证标准的评估体系

1. 节能与资源利用

中国环境友好型建筑认证标准在节能与资源利用方面进行综合评估。这包括建筑的能源效益、采用的节能技术、材料的资源利用效率等。建筑的节能设计和使用可再生能源是评估的重要指标。

2. 水资源管理

中国环境友好型建筑认证标准关注建筑对水资源的利用和管理。这包括对雨水的收集、污水处理系统的设计、水资源的循环利用等方面的评估。建筑在节水和水资源管理方面的表现将影响其认证等级。

3. 环境与室内空气

室内环境的质量对居民的健康和舒适度至关重要。因此，中国环境友好型建筑认证标准对建筑的室内空气质量、通风系统的设计、材料的环保性等方面进行评估。良好的室内环境将有助于提高居住者的生活质量。

4. 健康与舒适性

认证标准还重视建筑的健康性和舒适性。这包括采用对居住者健康无害的建筑材料、室内环境的温湿度控制、采光系统等。提供舒适的室内环境将提高建筑居住者的满意度。

5. 管理与创新

中国环境友好型建筑认证标准还强调对建筑管理水平的评估。有效的管理体系、环保意识培养、创新性的设计和施工方法等都会影响建筑的认证等级。标准鼓励建筑业者在管理和创新方面不断提升。

（三）中国环境友好型建筑认证标准的应用情况

中国的环境友好型建筑认证标准在建筑行业得到了广泛的应用。越来越多的建筑项目开始关注环保、节能和可持续性，采用符合认证标准的设计和建造方法。以下是中国环境友好型建筑认证标准应用的一些基本情况：

1. 商业办公楼项目

许多商业办公楼项目在设计和建造中积极追求环境友好型建筑认证标准。这些项目通过优化建筑结构、采用高效能源系统、利用智能建筑技术等手段，不仅提高了建筑的能源利用效率，还创造了更舒适、健康的室内环境。商业办公楼的绿色认证不仅是企业社会责任的体现，也有助于提升企业形象和吸引租户。

2. 住宅社区项目

在城市化进程中，住宅社区的建设日益受到关注。采用中国环境友好型建筑认证标准的住宅社区项目注重提高居民的生活质量，强调社区绿化、可再生能源利用、垃圾分类管理等方面的实践。这些社区不仅关注建筑本身的环保性能，而且考虑到社区整体的可持续性。

3. 公共建筑项目

政府和公共机构在建设公共建筑时也积极应用环境友好型建筑认证标准。例如，学校、医院、文化设施等公共建筑项目通过符合认证标准的设计和施工，推动了公共服务领域的可持续发展。这些建筑不仅为公众提供了更好的服务体验，而且在实践中树立了环保的榜样。

4. 工业园区和特殊用途建筑

除了常见的办公楼、住宅社区和公共建筑，一些工业园区和特殊用途建筑项目也在关注环境友好型建筑认证。这些项目可能面临更高的环境影响，但通过引入先进的环保技术、绿色能源、废弃物管理等措施，仍然可以达到认证标准，降低对环境的不良影响。

5. 建筑设计与规划

在建筑设计和规划阶段，许多建筑师和设计师已经将中国环境友好型建筑认证标准纳入其设计理念。通过在规划初期就注重节能、资源利用、可持续性等方面的设计，建筑可以更好地满足认证标准，进而在后续的建造和运营中更容易达到环保的目标。

6. 智能建筑技术的融合

随着智能建筑技术的不断发展，越来越多的建筑项目将智能技术与环境友好型建筑认证标准相结合。智能建筑系统通过数据分析、自动控制等手段，优化建筑的能源利用、室内环境质量等，提高整体的环保性能。

7. 政策推动

中国政府也通过相关政策推动环境友好型建筑认证标准的应用。例如，对符合认证标准的建筑项目可能享有税收优惠、融资支持等政策激励，这为建筑业者提供了更大的动力。

中国环境友好型建筑认证标准在建筑行业的应用取得了显著的成果。通过引导建筑业采用更环保、更可持续的设计和建造方法，这些认证标准推动了建筑行业向更可持续的方向发展。随着社会对环保的关注不断增加，相信中国的环境友好型建筑认证标准将在未来继续发挥重要作用，推动建筑行业更加重视生态环境的保护和可持续发展。

第五节 智能建筑材料与结构的创新

一、智能材料在建筑中的应用

随着科技的迅猛发展，智能材料在建筑领域的应用正日益受到关注。这些材料通过集成传感器、执行器、控制系统等先进技术，使建筑能够感知环境、自动调整结构和性能，提高建筑的智能性、能效性和可持续性。本章节将深入探讨智能材料在建筑中的应用，包括各种智能材料的类型、其在建筑中的具体应用案例、优势与挑战，以及未来的发展方向。

（一）智能材料的类型

1. 智能传感材料

智能传感材料具有感知和响应环境的能力，能够检测温度、湿度、光照等参数，并传输这些信息至控制系统。常见的智能传感材料包括纳米材料、智能纤维、压电材料等。这些材料的应用使得建筑能够实现智能监测和自适应调控，提高能源效率和舒适性。

2. 智能执行材料

智能执行材料具备对外界环境做出响应的能力，能够执行某种形变、运动或变化。形状记忆合金、电致变色玻璃、压电陶瓷等是常见的智能执行材料。这些材料可以被用于可变形建筑结构、智能光控窗户等方面，实现建筑形态的灵活变化。

3. 智能结构材料

智能结构材料在施加外部力或温度变化下，能够改变其内部结构或性质，以适应不同的环境条件。例如，可调湿性材料、自修复材料等属于智能结构材料。它们在建筑中的应用可以提高建筑的耐久性和可维护性。

4. 智能能源材料

智能能源材料能够将环境中的能源转化为可用能源，包括太阳能电池、热电材料等。这些材料可以广泛应用于建筑的自给自足能源系统，减少对传统能源的依赖，实现更环保和可持续的建筑能源管理。

5. 智能生物材料

智能生物材料是一类利用生物学原理和技术制备的智能材料，可以实现自我感知、自我调节。生物仿生材料、可降解材料等属于这一类别。它们可以用于建筑材料的可持续开发，减轻对环境的不良影响。

（二）智能材料在建筑中的具体应用案例

1. 智能玻璃

智能玻璃是一种能够调节透明度的材料，可以根据光照强度和温度自动调整玻璃的透明度。在建筑中，智能玻璃被广泛应用于窗户、玻璃幕墙等地方。通过控制玻璃的透明度，可以有效调节室内的光照和温度，提高建筑的能源效率。

2. 形状记忆合金

形状记忆合金是一种具有形状记忆效应的智能执行材料。这种材料在受力或温度变化时能够恢复其原始形状，因此被广泛应用于建筑中的可变形结构。例如，形状记忆合金可以用于可伸缩的建筑屋顶结构，根据气候条件自动调整覆盖面积，提高能源效率和舒适性。

3. 智能混凝土

智能混凝土是一种在混凝土中加入传感器、执行器等元件，使其具有感知和响应能力的材料。这种材料可以用于制造具有自愈能力的混凝土结构，通过监测裂缝并进行修复，提高建筑的耐久性和可维护性。此外，智能混凝土还可用于制造具有自适应隔热性能的建筑材料，提高建筑的能源效率。

4. 智能涂料

智能涂料是一种可以根据环境条件发生改变的涂料，例如温感涂料可以根据温度变化改变颜色。在建筑中，智能涂料被应用于温度感应、湿度感应等方面。这种涂料不仅可以用于装饰，而且还可以用于建筑表面的温度调控、湿度监测等，增加建筑的智能化程度。

5. 智能太阳能材料

智能太阳能材料是一类可以根据光照条件自动调整光吸收和光反射性能的材料。这包括智能太阳能窗帘、自调节太阳能板等。在建筑中应用这些材料可以实现对阳光的智能利用，调整建筑内部的光照和温度，减少对人体的不适，同时增强太阳能利用效率。

6. 智能隔热材料

智能隔热材料是一种能够根据外部温度变化调整其隔热性能的材料。这种材料可以应用于建筑的墙体、屋顶等部位，根据季节和气温变化自动调整隔热性能，提高建筑的能源效益。

（三）智能材料在建筑中的优势与挑战

1. 优势

能源效率提升：智能材料的应用可以实现建筑对能源的更智能利用，通过自适应调控实现能源效率的提升。

环境适应性：智能材料使建筑能够根据环境条件自动调整，提高建筑的适应性和舒适性。

可持续性：一些智能材料具有可再生、可降解等特性，有助于推动建筑行业朝着更可持续的方向发展。

创新设计：智能材料的引入促使建筑设计更具创新性，为建筑行业注入新的发展动力。

2. 挑战

成本问题：智能材料通常相对较昂贵，这可能会对建筑项目的总成本产生影响，成本问题是目前应用面临的主要挑战之一。

可靠性与耐久性：一些智能材料可能存在可靠性和耐久性的问题，需要更长时间的实际应用和验证。

技术标准不一：目前智能材料的技术标准尚不统一，不同的制造商可能采用不同的技术和规格，这可能使得材料的整合和互操作性变得复杂。

维护和管理难度：随着智能材料的应用增多，建筑维护和管理的难度也相应增加，需要更高水平的专业知识。

（四）未来发展方向

1. 多功能智能材料的研发

未来的发展方向之一是研发具有多功能性能的智能材料，能够在不同的应用场景中发挥更广泛的作用。例如，同时具备智能感知和自修复功能的材料，将为建筑领域带来更多可能性。

2. 生物可降解智能材料的发展

在环保和可持续发展的背景下，未来智能材料的研发将更加重视生物可降解性能，以减轻对环境的负担。这对于建筑行业的可持续发展至关重要。

3. 智能材料的标准化和规范化

为了促进智能材料的更广泛应用，未来需要建立更为完善的标准和规范，以确保不同制造商的智能材料能够互操作，提高整体系统的可靠性和稳定性。标准化和规范化将有助于降低智能材料的整合难度，促进其更广泛的应用。

4. 大规模生产与降低成本

随着技术的进步和市场需求的增加，未来有望实现对智能材料的大规模生产，从而降低生产成本。这将有助于智能材料更广泛地渗透到建筑行业，使得更多的建筑项目能够享受到智能材料带来的益处。

5. 跨学科研究与创新

未来的发展将需要更多的跨学科研究和创新，将材料科学、电子工程、建筑设计等领域进行更深入的整合。通过不同学科的专业知识共享，可以加速智能材料在建筑中的创新应用。

6. 智能材料的教育与培训

未来建筑行业需要更多受过专业培训的从业人员，掌握智能材料的设计、安装、维护等技能。相关的教育体系和培训课程将有助于满足市场对于专业人才的需求。

智能材料作为建筑领域的新兴技术，为建筑行业带来了巨大的创新和发展机遇。其在感知、响应、适应环境等方面的优势使其在建筑设计、施工和运营中发挥着越来越重要的作用。虽然智能材料在建筑中的应用还面临一些挑战，例如成本、可靠性等问题，但通过科研创新、跨学科合作和标准规范的制定，这些问题有望逐渐得到解决。

未来，随着技术的不断进步和社会对可持续发展的需求，智能材料在建筑领域的应用将继续扩大，并成为建筑设计的重要组成部分。建筑行业需要时刻关注新材料的研究和发展，以推动行业向更智能、更环保、更可持续的方向发展。

二、结构设计中的新材料探索

随着科技和工程领域的不断进步，新材料的研发与应用已经成为推动建筑结构设计创新的关键因素之一。传统建筑结构材料如混凝土和钢铁在特定领域表现出色，但随着对可持续性、轻量化、高强度和智能化需求的增加，研究人员不断寻求新型材料，以满足未来建筑结构设计的挑战。本章节将深入探讨结构设计中新材料的探索，包括新材料的种类、其在结构设计中的应用、优势与挑战，以及未来的发展方向。

（一）新材料的种类

1. 高性能混凝土

高性能混凝土是一种相对传统混凝土更具强度和耐久性的新型材料。它通过优化原材料比例、添加特殊添加剂等方式，具有更高的抗压强度、抗弯强度和耐久性，可用于大跨度结构、高层建筑等项目。此外，高性能混凝土的自修复性能也在一些研究中得到了应用，通过微生物或智能材料的引入，能够在发生微裂缝时自动修复，延长结构寿命。

2. 超高性能混凝土（UHPC）

超高性能混凝土是一种比高性能混凝土更为先进的新型混凝土材料。其特点是高抗压强度、高抗弯强度、高耐久性和优异的抗渗透性。由于其卓越的性能，超高性能混凝土在桥梁、隧道、海洋工程等领域得到了广泛应用，有望在未来更多结构设计中发挥关键作用。

3. 先进钢材

新型先进钢材的研发包括高强度钢、高性能耐腐蚀钢、形状记忆合金等。这些钢材具有更高的强度、更好的耐久性和抗腐蚀性能，适用于要求高强度和轻量化的结构设计。形状记忆合金具有在受力后可以恢复原状的特性，可用于智能结构的设计。

4. 先进复合材料

先进复合材料包括碳纤维增强聚合物（CFRP）、玻璃纤维增强聚合物（GFRP）等。这些材料具有轻质、高强度、耐腐蚀等优势，广泛应用于桥梁、楼板、梁柱等结构元件。CFRP 在加固和改造领域有着显著的应用，能够提高结构的承载能力和抗震性能。

5. 全新建筑材料

在全新建筑材料领域，诸如透明铝、无机海藻胶凝材料等材料的研究也在进行中。透明铝具有传统金属的强度和耐久性，但同时具备透明的特性，为建筑外墙和结构提供更多设计可能性。无机海藻胶凝材料则致力于生态友好型建筑，具有可降解性、低碳排放等优点。

（二）新材料在结构设计中的应用

1. 高层建筑结构设计

高性能混凝土和UHPC在高层建筑结构设计中得到广泛应用。由于其高强度和抗震性能，能够满足高层建筑对结构强度和刚度的要求，同时减小结构自重，提高建筑的抗震性能。

2. 桥梁工程

先进钢材、先进复合材料等新型材料在桥梁工程中得到了广泛应用。高强度钢材能够减小桥梁的自重，提高承载能力；复合材料则因其轻质和耐腐蚀性能在桥梁结构中有着独特的优势。

3. 超高层结构

在超高层结构的设计中，先进钢材和先进复合材料的应用也得到了广泛关注。这些材料能够满足超高层建筑对结构强度、稳定性和抗震性的高要求，同时减轻结构自重，提高建筑整体性能。

4. 智能结构设计

形状记忆合金等新型智能材料在结构设计中的应用有望实现更灵活的结构形变和适应性调控。这些材料能够在外力作用下改变形状，并通过控制系统实现智能调控，使建筑结构更加适应环境变化和负荷要求。

5. 绿色建筑材料

全新建筑材料，如透明铝和无机海藻胶凝材料，被应用于绿色建筑项目。透明铝在外墙应用中可以提供更多的自然采光，减少对电力的依赖；无机海藻胶凝材料则通过可降解性和低碳排放，符合绿色建筑的环保理念。

（三）新材料在结构设计中的优势与挑战

1. 优势

轻量化设计：先进钢材、先进复合材料等轻质材料能够实现结构的轻量化设计，减小自重，提高建筑整体性能。

高强度和抗震性：高性能混凝土、UHPC等材料具有卓越的强度和抗震性能，能够满足建筑对结构强度的高要求。

耐久性和可维护性：新型材料在耐久性和可维护性方面表现出色，能够延长建筑结构的使用寿命。

环保与可持续性：一些新材料具有低碳排放、可降解等环保特性，符合当今社会对可持续建筑的要求。

2. 挑战

成本问题：新材料通常相对较昂贵，可能会对建筑项目的总成本产生影响，成本问题是新材料应用面临的主要挑战之一。

标准化与规范：部分新材料的标准化和规范化工作相对滞后，这可能导致在工程实践中的适用性和可靠性方面存在一定风险。

技术应用难度：一些新材料在施工和工程应用方面存在技术难题，需要更高水平的专业知识和技能。

长期性能预测：由于新材料的长期性能尚未充分验证，需要更多时间和研究来对其在实际使用中的表现进行精准评估。

（四）未来发展方向

1. 多功能性材料的研发

未来的发展方向之一是研发更具多功能性的材料，既能够满足结构设计的强度和稳定性要求，又具备环境感知、自修复等新功能，以提高建筑结构的智能性和可持续性。

2. 全新建筑材料的探索

对于透明铝、无机海藻胶凝材料等全新建筑材料，未来将继续深入探索其在结构设计中的应用潜力。这些材料具有创新性和环保性，有望为建筑设计带来更多可能性。

3. 智能化材料的发展

形状记忆合金等智能化材料在结构设计中有着巨大的应用潜力。未来的研究将着重于提高智能材料的性能、降低成本，并进一步拓展其在建筑结构中的实际应用。

4. 绿色与可持续发展

绿色建筑理念将对新材料的研发提出更高要求，要求材料更加环保、可持续。因此，未来新材料的研发将更重视其生命周期环境影响的综合考虑。

新材料在结构设计中的探索和应用为建筑行业带来了前所未有的创新机遇。高性能混凝土、超高性能混凝土、先进钢材、先进复合材料等材料的不断涌现，为建筑结构设计提供了更多选择。然而，挑战仍然存在，需要在技术、经济和标准化等方面取得平衡。未来，随着技术的不断突破和可持续发展理念的深入推进，新材料将继续为建筑结构设计注入活力，推动行业向更智能、更环保、更可持续的未来发展。

三、材料与结构创新对建筑性能的影响

建筑性能是衡量建筑质量的重要指标，它涵盖了建筑的结构安全性、环境适应性、节能性能等多个方面。随着科技的不断发展和对可持续性的关注，建筑材料与结构创新逐渐成为推动建筑性能提升的重要手段。本章节将深入探讨材料与结构创新对建筑性能的影响，包括新材料的应用、创新结构的设计原则、对建筑性能的具体影响，以及未来的发展方向。

（一）新材料的应用

1. 高性能混凝土与超高性能混凝土

高性能混凝土（HPC）和超高性能混凝土（UHPC）是近年来建筑领域中广泛研究和应用的新型材料。相较于传统混凝土，它们具有更高的抗压强度、抗折强度、耐久性和抗渗透性。在建筑结构中的应用，尤其是在高层建筑和桥梁工程中，可以提高结构的整体性能，减轻结构自重，提高抗震性能。

2. 先进钢材

先进钢材包括高强度钢、高性能耐腐蚀钢和形状记忆合金等。这些材料在建筑结构中的应用，可以提高结构的承载能力、延长使用寿命，并在一些需要形状调控的场景中发挥独特作用。形状记忆合金具有在受力后能够恢复原状的特性，适用于智能结构的设计。

3. 先进复合材料

先进复合材料如碳纤维增强聚合物（CFRP）和玻璃纤维增强聚合物（GFRP）等，具有轻质、高强度、耐腐蚀等特点。它们广泛应用于结构加固、桥梁建设等领域，能够有效提高结构的承载能力和抗震性能。

4. 新型建筑材料

新型建筑材料的研发如透明铝、无机海藻胶凝材料等，为建筑外观设计和环保性能提供了更多选择。透明铝具有透明性和传统金属的强度，无机海藻胶凝材料则具有可降解性和低碳排放等优势，符合发展绿色建筑的理念。

（二）创新结构的设计原则

1. 轻量化设计

新材料的应用使得轻量化设计成为可能。通过减小结构自重，建筑结构可以更有效地抵抗外部荷载，提高整体性能。轻量化设计还有助于减小对基础的负荷，降低施工成本，提高建筑的可持续性。

2. 智能化设计

新材料的引入促使结构设计更加智能化。形状记忆合金等材料的应用使得结构能够在受力后自动恢复原状，适应不同的环境和负荷变化。智能化设计还包括结构感知、自适应调控等方面，提高了结构的适应性和安全性。

3. 绿色和可持续设计

新材料的环保性能为绿色和可持续设计提供更多可能性。透明铝等新型建筑材料的应用能够提高建筑的自然采光效果，减少对电力的依赖。无机海藻胶凝材料的可降解性和低碳排放特性有助于降低建筑在整个生命周期中的环境影响，符合可持续发展的要求。

4. 结构系统创新

新材料的引入也推动了结构系统的创新。例如，超高性能混凝土的使用使得更细致、更复杂的结构形式成为可能。在桥梁设计中，先进复合材料的应用带来了更轻、更灵活的结构形式。这些创新的结构系统在提高建筑性能的同时，也为建筑带来更多的设计可能性。

（三）对建筑性能的具体影响

1. 结构安全性提升

新材料的高强度、高耐久性以及智能化设计的应用，有助于提高建筑结构的安全性。高性能混凝土和超高性能混凝土的抗震性能提升，先进钢材的高强度提高了结构的抗风、抗震能力，从而增加了建筑在极端环境下的稳定性。

2. 节能性能优化

轻量化设计和智能化设计的结合，使建筑能够更好地实现节能性能。轻量化设计减小了建筑的能耗，降低了空调、供暖等能源的使用需求。智能化设计通过感知环境变化，自适应地调整建筑结构和系统，进一步提高了能源利用效率，使建筑更加节能。

3. 环境适应性增强

新材料的应用和结构智能化设计的推进，使建筑更具环境适应性。例如，形状记忆合金的使用可以使建筑在发生变形后自动恢复，适应不同的气候条件。透明铝等新型建筑材料的应用提高了建筑对光照和温度的适应性，提供了更加舒适的室内环境。

4. 可持续性表现提升

新材料的环保性能以及对建筑性能的多方面影响，使建筑更具可持续性。通过采用可降解材料、低碳排放材料，建筑在整个生命周期内对环境的影响得以降低。这与社会对绿色建筑和可持续发展的需求相一致，为建筑行业迈向更加可持续的方向奠定基础。

（四）未来发展方向

1. 多功能性材料的研发

未来新材料的发展将更加重视多功能性，即一种材料可以同时具备轻量化、高强度、智能化、环保等多种性能。这样的多功能性材料有望成为未来建筑设计的主流。

2. 智能化结构系统的推进

随着物联网、人工智能等技术的不断发展，智能化结构系统将更加成熟。建筑结构将具备更高级的感知、分析和决策能力，使得建筑能够更加主动地适应环境变化，提高整体性能。

3. 生物仿生材料的应用

生物仿生材料以生物学原理为参考，模仿自然界的结构和性能，具有良好的韧性、适应性和环境适应性。未来建筑领域有望更广泛地应用生物仿生材料，提升建筑性能。

4. 绿色建筑材料的进一步推广

透明铝等新型绿色建筑材料有望在更多建筑项目中得到应用，以提高建筑的能源效益、环境适应性和整体可持续性。

材料与结构创新对建筑性能的影响是建筑行业不断追求卓越的结果。新材料的应用和创新结构的设计不仅提高了建筑的安全性、节能性和环境适应性，而且推动了建筑行业向更加可持续、智能、绿色的方向发展。未来，随着科技的不断进步和对可持续发展的日益关注，建筑材料与结构创新将继续为建筑性能提升提供新的可能性。

第四章 智能建筑施工技术

第一节 智能施工设备与机器人应用

一、智能建筑施工机器人技术

随着科技的迅猛发展，建筑施工行业也在不断探索如何引入智能技术以提高效率、降低成本并确保施工质量。在这个背景下，智能建筑施工机器人技术应运而生。本章节将深入探讨智能建筑施工机器人技术的发展、应用领域、优势劣势以及未来趋势。

（一）智能建筑施工机器人的发展历程

1. 早期智能建筑施工机器人

早期的智能建筑施工机器人主要集中在一些简单、重复性的任务上，例如搬运和组装。这些机器人通常是由固定程序控制的，功能相对有限。

2. 自主导航与感知技术的进步

随着自主导航和感知技术的不断进步，智能建筑施工机器人的功能得到了显著提升。自主导航使得机器人能够更灵活地在建筑工地中移动，而先进的感知技术则赋予机器人更强大的环境感知和交互能力。

3. 机器学习与人工智能的应用

近年来，机器学习和人工智能的迅速发展为智能建筑施工机器人的智能化提供了新的契机。通过学习和适应施工环境，机器人能够更好地执行复杂任务，提高工作效率。

4. 多机协作与集群智能

多机协作和集群智能技术的引入使得多个智能机器人能够在建筑工地上协同工作。这种集群智能的应用可以实现任务的分工合作，提高整体施工效率。

（二）智能建筑施工机器人的应用领域

1. 基础建筑设施建设

智能建筑施工机器人在基础建设领域得到了广泛应用，包括道路建设、桥梁施工、隧道挖掘等。机器人在这些领域的应用不仅提高了施工效率，而且减少了人力成本和安全风险。

2. 模块化建筑

在模块化建筑中，智能机器人可以被用于模块的制造、搬运和安装。这种应用方式大大加速了建筑的进度，同时降低了人力投入和错误率。

3. 建筑物维护与修复

智能建筑施工机器人可以用于建筑物的维护和修复工作。例如，机器人可以在高空清理外墙，进行设备的检修和更换，减少了人员涉及危险环境的风险。

4. 室内施工与装配

机器人在室内施工和装配中也发挥着重要作用，特别是在高密度、高精度的装配任务中。它们可以被用于建筑元件的定位、连接和调整，确保装配的精确性和质量。

（三）智能建筑施工机器人的优势与劣势

1. 优势

提高施工效率：智能机器人能够执行一些重复性高、烦琐的任务，大大提高了施工效率。

降低人力成本：机器人的使用减少了对大量人工劳动的依赖，降低了施工的人力成本。

提升施工质量：通过精确的定位和执行，机器人可以提高施工的精度和一致性，确保施工质量。

降低安全风险：机器人可以在危险环境中执行工作，减少了人工涉及高风险工作的危险。

2. 劣势

高成本：智能建筑施工机器人的研发和制造成本相对较高，可能会限制其在一些小型项目中的应用。

适用场景受限：某些施工场景可能因为复杂性、不确定性而难以适应机器人的操作，机器人的应用受到场地条件的制约。

维护难度：机器人技术的复杂性可能导致维护和修复的难度增加，需要专业技术支持。

（四）未来趋势与挑战

1. 发展方向

多领域协同：未来智能建筑施工机器人有望实现在多个领域的协同工作，形成更加智能化、高效的施工体系。

人机协作：未来机器人技术将更加注重与人类的协作，实现人机互补，发挥各自的优势。这种人机协作模式将更好地适应建筑施工中复杂而多变的环境。

智能决策与学习能力：未来的智能建筑施工机器人将更具自主学习和决策能力，能够根据实时数据和环境变化做出智能决策，提高其适应性和灵活性。

生态友好：发展趋势还包括使智能建筑施工机器人更加生态友好。通过使用可再生能源、环保材料以及减少废弃物的产生，机器人的设计将更加重视可持续性。

2. 挑战

复杂环境应对：建筑工地通常存在复杂、不确定的环境，机器人需要具备应对多样性和变化性的能力。解决这一挑战需要更先进的感知技术和智能算法。

安全性问题：机器人在建筑工地上的操作可能涉及危险环境，确保机器人操作的安全性是一个重要的挑战。这需要采取有效的安全措施和监测机制。

标准化与规范：目前，智能建筑施工机器人领域缺乏统一的标准和规范，这可能导致不同厂商生产的机器人之间存在互操作性问题。建立行业标准将是一个需要解决的问题。

成本问题：目前，智能建筑施工机器人的成本相对较高，这可能限制其广泛应用。降低机器人的制造和运营成本是一个亟待解决的难题。

（五）智能建筑施工机器人技术的发展对社会的影响

1. 就业影响

随着智能建筑施工机器人的广泛应用，传统的人工施工可能受到一定的冲击。一些繁重、危险的工作可能会由机器人来执行，这可能导致部分人工就业的减少。然而，与此同时，机器人技术的发展也创造了新的就业机会，例如机器人的设计、制造、维护和监控等方面。

2. 施工效率提升

智能建筑施工机器人的应用将大大提升施工效率。机器人可以在短时间内完成大量的工作，减少了工程周期，有助于更快地完成建筑项目。这对于满足城市发展和基础设施建设的需求非常重要。

3. 安全性提升

由于机器人能够在危险环境中执行任务，智能建筑施工机器人的应用有助于提高建筑工地的安全性。减少了人工涉及高风险工作的机会，降低了施工过程中发生事故的可能性。

智能建筑施工机器人技术的发展标志着建筑行业迈向智能化、高效化的未来。尽管面临一些挑战，如复杂环境应对、安全性问题和高成本等，但随着技术的不断进步，这些挑战将逐渐得到解决。智能建筑施工机器人的广泛应用将为建筑行业带来更多机遇，推动建筑行业向数字化、智能化的方向发展，为社会的可持续发展做出贡献。

二、自动化施工设备的使用与效益

自动化施工设备的广泛应用标志着建筑行业朝着更加智能、高效的方向发展。随着科技的不断进步，各种自动化设备如无人机、建筑机器人、激光测绘仪等已经在建筑施工中得到了广泛应用。本章节将深入探讨自动化施工设备的种类、应用领域、带来的效益以及未来的发展趋势。

（一）自动化施工设备的种类

1. 无人机

无人机广泛应用于建筑工地的测绘、勘测和监测任务。搭载高精度相机和激光雷达，无人机能够以更快的速度获取建筑工地的三维模型、地形图和变化监测数据，提高了勘测的效率和精度。

2. 建筑机器人

建筑机器人可以执行多种任务，包括砖瓦铺设、混凝土浇筑、墙面涂装等。这些机器人通过激光导航和传感器技术，能够在复杂的施工环境中自主操作，提高了施工的速度和精度。

3. 激光测绘仪

激光测绘仪主要用于快速、精确地测量建筑工地的各种尺寸和位置信息。它可以在实时监测中帮助调整施工的精度，减少测量误差，提高建筑的整体质量。

4. 自动化挖掘设备

自动化挖掘设备如自动挖掘机、自动平地机等，通过激光雷达和 GPS 等技术实现施工过程中的智能导航和定位，提高了挖掘和平整工作的效率。

5. 智能建筑材料搬运设备

智能搬运设备如自动搬运车、悬挂搬运机器人等，能够在建筑工地上自主搬运和分发建筑材料，减轻了人工搬运的负担，提高了搬运效率。

（二）自动化施工设备的应用领域

1. 地基与基础工程

无人机和自动化挖掘设备在地基和基础工程中得到了广泛应用。无人机可以进行高精度的地形测绘，而自动化挖掘设备可以在地基施工中实现自主导航和定位，提高挖掘和平整效率。

2. 结构施工

建筑机器人在结构施工中发挥着重要作用，如混凝土浇筑机器人、砖瓦铺设机器人等。它们能够通过先进的导航和感知技术，实现精准、高效的施工，提高建筑的质量和速度。

3. 施工监测与质量控制

无人机和激光测绘仪在施工监测和质量控制中具有独特的优势。无人机可以定期巡视建筑工地，实时监测施工进度和质量。激光测绘仪能够提供高精度的测量数据，帮助确保建筑的精度和一致性。

4. 建筑物维护与修复

自动化设备在建筑物维护和修复领域也有广泛应用。无人机可以用于检查和监测建筑外墙的状况，建筑机器人可以执行一些维修任务，如涂漆、清理等，从而延长建筑的寿命。

5. 室内施工与装配

在室内施工和装配阶段，建筑机器人和智能搬运设备可以协同工作，执行一些复杂的组装任务。这种应用方式大大加速了建筑的进度，同时降低了人力投入和错误率。

（三）自动化施工设备的效益

1. 提高施工效率

自动化施工设备能够在短时间内完成大量的工作，相较于传统的人工施工方式，大大提高了施工的速度和效率。机器人在 24/7 不间断工作的能力，使得工程周期得以缩短，为快速建设提供了可能。

2. 降低人力成本

自动化施工设备的应用减少了对大量人工劳动的依赖，进而降低了施工的人力成本。此外，机器人在高强度、高危险性的任务中工作，减少了人员涉及危险环境的风险，提高了工作的安全性。

3. 提高施工精度

激光测绘仪、建筑机器人等自动化设备通过先进的导航和感知技术，能够实现施工过程中的精准定位和操作，提高了施工的精度和一致性。这有助于确保建筑质量，减少施工中的误差。

4. 实现实时监测与管理

无人机在施工现场的实时监测，使得施工管理者能够更迅速地获得关键信息，及时调整施工计划和资源分配。这有助于提高管理的灵活性和决策的准确性。

5. 减少对环境的影响

自动化施工设备的使用可以减少建筑施工对环境的影响。通过精确的测绘和施工，可以减少材料的浪费，提高资源利用率，符合可持续发展的要求。

（四）未来发展趋势

1. 智能化与人工智能的融合

未来的自动化施工设备将更加智能化，融合人工智能技术。机器学习和深度学习算法将使设备能够更好地适应复杂的施工环境，实现更高水平的自主操作和决策。

2. 多设备协同作业

不同类型的自动化施工设备将更多地实现协同作业。无人机、建筑机器人、激光测绘仪等设备将能够在同一工地上开展协同工作，形成更为智能的施工流程。

3. 数据集成与云平台

数据将发挥越来越重要的作用。通过将各类自动化施工设备产生的数据集成到云平台中，实现数据的共享和分析，有助于实现更精细化的施工管理和决策。

4. 环保与可持续性

未来的自动化施工设备将更注重环保与可持续性。采用环保材料、减少能耗、降低碳排放将成为设备设计的重要考虑因素。

自动化施工设备的应用为建筑行业带来了革命性的变革，提高了施工效率、降低了成本，并推动了建筑行业的可持续发展。通过无人机、建筑机器人、激光测绘仪等设备的智能化应用，建筑施工的精度、速度和质量都得到了显著提升。

第二节　无人机在建筑施工中的角色

一、无人机在建筑勘测与测量中的应用

随着科技的迅猛发展，无人机技术在各个领域得到了广泛的应用，其中建筑勘测与测量是无人机应用领域中的一个重要方向。无人机通过其灵活、高效、精准的特点，为建筑行业提供了全新的解决方案。本章节将深入探讨无人机在建筑勘测与测量中的应用，包括技术原理、优势、具体应用场景以及未来发展趋势。

（一）技术原理

1. 高精度定位技术

无人机通常配备先进的全球定位系统（GPS）和惯性导航系统（INS），以实现高精度的定位和导航。这使得无人机能够在三维空间中进行准确的位置信息采集，为建筑勘测与测量提供了可靠的数据基础。

2. 遥感传感器技术

无人机常搭载各种遥感传感器，如相机、激光雷达、红外线传感器等。这些传感

器能够捕捉不同波段的信息，提供高分辨率的影像、三维点云数据，从而实现对建筑物、地形、植被等目标的全面勘测。

3. 数据处理与地理信息系统（GIS）

采集到的大量数据需要进行有效的处理与分析，无人机勘测数据通常通过先进的地理信息系统进行处理。GIS 技术能够将无人机获取的空间数据整合、分层，为建筑设计、土地规划等提供精准的地理信息支持。

（二）优势与特点

1. 高效性

相比传统的勘测与测量方式，无人机具有高效的特点。无人机可以在短时间内完成大范围的勘测任务，无须人工大量投入，大幅提高了勘测作业的效率。

2. 灵活性

无人机的灵活性使其能够在复杂的地形和环境中进行勘测，例如高山、森林、城市建筑群等。无人机能够轻松飞越障碍物，获取难以到达的区域的数据，为勘测提供了更全面的视角。

3. 安全性

相较于传统的勘测方法，无人机勘测更为安全。无人机可以在危险的环境中代替人工执行任务，如在高空、危险地带或灾区进行测量，有效避免了人员受伤的风险。

4. 成本效益

使用无人机进行建筑勘测与测量通常较为经济。无人机系统相对便携，无须大量设备和人力，降低了勘测作业的成本，尤其是在大规模勘测项目中，成本效益更为显著。

（三）具体应用场景

1. 建筑物测绘与监测

无人机可以通过搭载高分辨率相机，对建筑物进行精确的三维建模和测绘。这对于建筑设计、施工监测以及房地产开发等方面都有着重要的应用。同时，无人机还可以定期监测建筑物的变化，提供实时的更新数据，帮助建筑管理和维护。

2. 土地规划与地形测量

在城市规划和土地利用规划中，无人机可以高效获取大范围内的地形、植被和土地利用等信息。通过激光雷达等传感器，可以获得高精度的地形数据，为土地规划提供科学依据。

3. 施工工地监测

在建筑施工过程中，无人机可用于监测工地的进度、质量和安全状况。通过定期飞行，获取施工现场的影像数据，可以实时了解施工情况，提高施工管理效率。

4. 灾害勘测与救援

在自然灾害发生后，无人机可以快速飞越受灾区域，获取详细的灾情数据。这对于救援工作的组织和决策提供了重要支持，有助于更快速、精准地展开救援行动。

5. 环境保护与监测

无人机还可用于环境保护领域，监测森林覆盖、水域变化、野生动植物分布等情况。这有助于制定科学的生态保护措施，促进可持续发展。

（四）未来发展趋势

1. 智能化与自主飞行

未来，无人机在建筑勘测与测量中的发展趋势之一是智能化与自主飞行。通过引入更先进的人工智能（AI）技术，使得无人机能够实现更为复杂的任务。自主飞行系统能够更好地适应不同环境和任务，提高无人机的自主性和智能化水平。

2. 多传感器融合

未来，无人机将更加重视多传感器融合技术的应用。通过同时搭载多种传感器，如相机、激光雷达、红外线传感器等，无人机能够获取更为全面、多层次的数据，提高勘测与测量的准确性和综合分析能力。

3. 高空高速飞行技术

为了适应更广泛的应用场景，未来无人机可能会发展出更先进的高空高速飞行技术。这将使得无人机能够在更大范围内进行快速的勘测和测量，提高勘测效率，尤其对于大型基础设施、广阔土地的监测具有重要意义。

4. 数据处理与人工智能

随着大数据和人工智能技术的进一步发展，无人机在建筑勘测与测量中的应用将更加注重数据处理和分析。利用先进的算法，无人机获取的大量数据可以被智能地处理，进而更好地为建筑设计、规划和决策提供支持。

5. 网络化与协同作业

未来无人机系统可能会更加网络化，实现多台无人机的协同作业。通过云平台和实时数据传输，多架无人机可以在不同区域共同完成任务，提高作业效率。这对于大规模勘测项目或紧急救援任务具有显著意义。

6. 法规与标准的完善

为了确保无人机在建筑勘测与测量中的安全和合规性，未来将进一步完善相关法规和标准。这包括对飞行高度、隐私保护、数据存储与传输等方面的规范，以促进无人机在建筑领域的可持续发展。

7. 深度学习与模型优化

未来，深度学习技术和模型优化将更广泛地应用于无人机勘测与测量中。通过对大规模数据的学习和优化，无人机系统可以更准确地识别和分析复杂的建筑环境，为建筑规划、设计和管理提供更精准的信息。

无人机在建筑勘测与测量中的应用正逐步改变传统的勘测方式，为建筑行业提供了高效、灵活、安全、经济的解决方案。技术的不断创新，使得无人机系统在高精度定位、遥感传感器、数据处理与人工智能等方面取得显著进展。

未来，随着智能化、多传感器融合、高空高速飞行技术的发展，无人机在建筑勘测与测量中的应用将更加广泛，为建筑设计、规划、施工和管理等提供更全面、准确的数据支持。同时，法规和标准的完善、网络化与协同作业的推进，将进一步推动无人机在建筑领域的可持续发展。

建筑行业将继续受益于无人机技术的发展，无人机在建筑勘测与测量中的应用前景仍然广阔，为建筑领域的现代化、智能化注入了新的动力。

二、无人机在施工现场监控与管理中的应用

随着科技的不断发展，无人机技术在建筑施工行业中的应用正逐渐成为一种重要的工具。无人机在施工现场监控与管理中的应用，不仅提高了工作效率，而且增强了安全性、降低了成本，并为项目的规划和执行提供了全新的视角。本文将深入探讨无人机在施工现场的监控与管理中的具体应用，技术原理、优势、应用场景以及未来发展趋势。

（一）技术原理

1. 高精度定位技术

无人机通常搭载先进的全球定位系统（GPS）和惯性导航系统（INS），以实现高精度的定位和导航。这使得无人机能够在三维空间中精确获取位置信息，为施工现场的监控与管理提供可靠的数据基础。

2. 摄像与传感技术

无人机常搭载高分辨率相机、激光雷达、红外线传感器等，用于捕捉各种类型的数据。这些传感器能够提供高质量的影像、点云和其他有关施工现场的数据，为监控与管理提供详尽的信息。

3. 数据传输与处理

无人机通过无线通信技术将获取的数据传输至地面控制站。在地面，通过先进的数据处理技术，对大量的图像、点云等数据进行处理，生成可用于监控与管理的信息和报告。

（二）优势与特点

1. 高效性

相较于传统的巡查方式，无人机在施工现场的监控与管理中具有高效的特点。无人机可以在短时间内完成大范围的巡查任务，高效获取施工现场的实时信息。

2. 安全性

通过使用无人机，可以在危险或难以到达的区域执行任务，从而提高施工现场监控的安全性。无人机代替人工进行高空、高温、高风险等作业，防范了工作人员面临的危险。

3. 实时监控与反馈

无人机实时传输数据，使监控与管理人员能够实时获取施工现场的状态。通过实时监控，可以及时发现问题、调整计划，并进行有效的决策，提高施工管理的灵活性。

4. 成本效益

相比传统的人工巡查方式，使用无人机进行监控与管理通常更为经济。无人机系统相对便携，无须投入大量人力和设备，降低了监控与管理作业的成本。

5. 多角度视角

无人机能够提供多角度、全方位的视角，拍摄到施工现场的各个角落和高度。这为监控与管理人员提供了更全面的信息，有助于发现潜在问题和优化施工流程。

（三）应用场景

1. 工地安全监控

无人机可以用于监测工地的安全情况，识别潜在的安全隐患，例如高空坠物、施工区域封闭情况、人员行为规范等。通过实时监控，及时发现并解决安全问题，降低事故风险。

2. 工程进度监测

通过定期飞行，无人机可以捕捉到施工现场的实时图像，用于监测工程进度。监测人员可以通过比对图像，了解不同时间点工程的完成情况，帮助进行计划调整和进度管理。

3. 质量控制

无人机的高分辨率摄像技术可用于捕捉施工现场的细节，用于进行质量控制。通过图像分析，可以检查建筑结构、施工质量，保障工程达到设计标准。

4. 环境监测

无人机还可用于监测施工现场的环境状况，如空气质量、噪声水平、粉尘情况等。这有助于遵守环保法规，确保施工对周边环境的影响在可控范围内。

5. 施工材料管理

通过无人机对施工现场的材料堆放、使用情况进行监测，可以提高对施工材料的管理效率。及时发现材料浪费、丢失或不当使用的情况，降低项目成本。

（四）未来发展趋势

1. 智能化与自主飞行

未来，无人机在施工现场监控与管理中的发展趋势之一是智能化与自主飞行。引入更先进的人工智能技术，使得无人机能够在更复杂的环境中自主执行任务，提高监控与管理的智能水平。

2. 多传感器融合

随着传感器技术的不断进步，未来无人机在施工现场监控与管理中将更加重视多传感器融合。通过搭载各种传感器，如红外线传感器、激光雷达等，无人机可以提供更多层次、多维度的数据，使监控与管理更为全面和准确。

3. 高度集成的监管平台

未来，无人机监控与管理系统将更加集成化。高度智能化的监管平台能够实现对无人机的实时监控、任务调度和数据分析。通过与其他信息系统的无缝对接，实现全面的施工现场管理。

4. 实时数据分析与预测

随着大数据和人工智能的发展，未来无人机在施工监控中将更注重对数据的实时分析与预测。通过算法的支持，监管平台可以更精准地预测施工现场可能出现的问题，为决策提供更为科学的依据。

5. 高空高速飞行技术

为了更好地适应复杂多变的施工环境，未来无人机可能会发展出更为高级的高空高速飞行技术。这将使得无人机能够在更大范围内更快速地完成监控任务，提高施工现场的实时监测效率。

6. 自动化巡检与报告生成

未来，无人机监控与管理系统将更趋向自动化。通过引入自动化巡检技术，无人机可以根据预定的轨迹自主巡检施工现场，减轻人工操作负担。同时，系统可以自动生成监控报告，提高数据处理的效率。

7. 人机协同

未来，无人机监控系统可能与人工智能和机器学习技术更紧密地结合，实现更高水平的人机协同。监控平台可以通过学习分析施工现场的历史数据，提供更具针对性的监控方案，帮助优化施工流程。

8. 遥操作技术的进一步发展

随着遥操作技术的不断进步，未来的无人机将更易于操作，监控与管理人员可以更加灵活地操控无人机完成各项任务。这将增强监管人员的操作体验，提高系统的可用性。

无人机在施工现场监控与管理中的应用为建筑行业带来了前所未有的便利与效益。其高效性、安全性、多角度视角等优势，使得施工现场的监控与管理更为科学、全面，有力地支持了建筑工程的规划、执行与维护。

未来，随着技术的不断创新与发展，无人机在施工现场的监控与管理将迎来更多可能性。智能化、多传感器融合、实时数据分析等趋势将使监管系统更为智能化、高效化。无人机监控与管理系统有望在未来的建筑施工中发挥更为重要的作用，为建筑行业的可持续发展提供更全面、可靠的技术支持。

三、无人机在智能建筑维护中的潜在应用

随着科技的迅速发展，无人机技术正逐渐成为建筑维护领域的关键工具。其在高空巡检、维修、安全监控等方面的应用，为智能建筑的维护提供了全新的解决方案。本章节将深入探讨无人机在智能建筑维护中的潜在应用，涵盖技术原理、优势、应用场景以及未来发展趋势。

（一）技术原理

1. 高精度定位技术

无人机通常配备高精度的全球定位系统（GPS）和惯性导航系统（INS），确保其在飞行过程中能够准确获取位置信息。这为智能建筑的高空巡检、维修提供了可靠的导航基础。

2. 视觉识别与传感技术

无人机配备先进的摄像头和传感器，可以进行高清晰度拍摄、图像识别以及三维建模。这些技术能够在维护过程中提供详细的建筑结构信息，识别潜在问题，并为后续的维护工作提供重要支持。

3. 数据传输与处理

获取到的数据通过高速稳定的数据传输系统传送至地面控制站。在地面，利用先进的数据处理技术，可以对图像、视频、传感器数据进行实时处理，生成可用于维护决策的信息。

（二）优势与特点

1. 高效性

相较于传统的维护方式，无人机在智能建筑维护中的应用具有显著的高效性。它可以快速、灵活地飞越建筑结构的各个角落，完成巡检、清洁、维修等任务，大大提高了维护的效率。

2. 安全性

使用无人机进行智能建筑维护能够有效提高安全性。它可以代替人工进行高空维护工作，避免了高空作业中潜在的危险。此外，通过远程操作，人员可以在地面进行监控，降低了维护人员的安全风险。

3. 多角度视角

无人机可以轻松飞越建筑的不同部位，提供多角度、全方位的视角。这种特点有助于维护人员全面了解建筑的状态，及时发现问题，并确保维护工作的全面性。

4. 环保节能

与传统的维护方式相比，无人机的应用能够减少对人力和能源的需求，进而降低维护过程的能源消耗，具有较好的环保节能效果。

5. 夜间操作能力

无人机配备的先进传感器和红外相机使得其具备在夜间进行维护的能力。这对于一些需要 24 小时监控和维护的智能建筑尤为重要，保障了建筑的安全性和稳定性。

（三）应用场景

1. 外墙清洁与检查

智能建筑的外墙通常采用特殊材料，需要定期进行清洁和检查。无人机配备清洁工具和高清晰度摄像头，能够在高空快速完成清洁工作，同时通过图像识别技术实时监测外墙的状况。

2. 高空巡检与维修

对于高层建筑，常规的巡检和维修方式较为困难。无人机可以飞越高空，利用高清晰度相机和激光测距仪等工具进行巡检和维修，大大提高了高空维护的效率。

3. 室内空气质量检测

无人机可以搭载空气质量检测传感器，飞越建筑室内，实时监测室内的空气质量。这对于智能建筑内部环境的管理和改善具有积极的意义。

4. 窗户、天窗检查和维护

通过无人机，可以轻松检查和维护智能建筑的窗户和天窗。无人机配备的视觉系统可以实时监测玻璃是否破损，窗户是否正常关闭，从而确保建筑内外环境的隔离。

5. 建筑外部绿化维护

无人机可以用于监测和维护建筑外部的绿化植物。通过搭载红外线相机，可以识别植物的健康状况，及时采取措施，确保绿化效果。

（四）未来发展趋势

1. 多功能化与智能化

未来无人机在智能建筑维护中的发展趋势之一是多功能化与智能化。无人机将不仅限于巡检和清洁，还将更多地具备智能化功能。例如，搭载人工智能算法的无人机能够实现对建筑结构的实时分析，识别可能的维护问题，并提供更为精准的维护建议。

2. 深度学习与自主决策

未来的无人机系统可能会更加重视深度学习和自主决策能力。通过大量的数据训练，无人机可以学习并理解建筑结构的特征，从而在维护过程中做出更为智能的决策。这使得维护系统更具适应性和高效性。

3. 多机协同作业

随着技术的进步，未来可能会出现多台无人机协同作业的场景。这意味着不同功能的无人机可以在同一时间协同工作，例如一台负责巡检，另一台负责清洁，从而更加全面地覆盖建筑的维护需求。

4. 智能建筑数据集成

未来的无人机维护系统将更加与智能建筑系统进行数据集成。通过与建筑物的智能化系统连接，无人机可以实时获取建筑的运行数据，包括温度、湿度、能耗等信息，从而更好地进行维护和优化。

5. 环境适应性

未来的无人机系统可能会更加环境适应性强，能够适应不同的天气和环境条件。这将使得无人机在恶劣天气下依然能够进行维护工作，提高系统的稳定性和可靠性。

6. 绿色能源与长时间飞行

为了提高维护系统的可持续性，未来的无人机可能会采取更为先进的绿色能源技术，如太阳能或燃料电池。同时，长时间飞行技术的提升将使得无人机能够更长时间地执行维护任务，减少频繁的充电和更换电池的需求。

7. 法规与标准的制定

随着无人机在智能建筑维护中的应用不断增多，相应的法规与标准也将逐渐制定。这有助于规范无人机维护行业，确保其安全、可靠、合法的运行。

无人机在智能建筑维护中具有广阔的应用前景，其高效、安全、多功能的特点使其成为维护领域的重要工具。通过不断引入先进的技术和提升系统的智能化水平，无人机维护系统将在未来为智能建筑的维护和管理提供更为创新、高效的解决方案。随着技术的不断发展，无人机在智能建筑维护中的应用将更加成熟，为建筑行业的可持续发展做出更大的贡献。

第三节 智能建筑施工中的虚拟现实与增强现实技术

一、VR 与 AR 在建筑设计与施工中的应用

虚拟现实（VR）和增强现实（AR）作为新兴技术，正在逐渐改变建筑设计与施工领域的工作方式。这两种技术通过提供沉浸式的体验、实时的数据可视化以及协同工作的机会，为建筑行业带来了许多创新。本章节将深入探讨 VR 与 AR 在建筑设计与施工中的应用，包括技术原理、优势、应用场景以及未来发展趋势。

（一）技术原理

1. 虚拟现实（VR）

虚拟现实是一种通过计算机生成的虚构环境，用户通过头戴式显示器等设备沉浸在这个虚拟世界中。VR 技术基于三维模型和全景影像，通过追踪用户的头部和手部动作，使用户感觉自己置身于一个虚构的现实中。

2. 增强现实（AR）

增强现实则是将数字信息叠加在现实世界中，通过手机、平板电脑或 AR 眼镜等设备来呈现。AR 技术利用摄像头捕捉用户周围的环境，然后在屏幕上叠加虚拟元素，使用户能够看到真实世界中的实体与数字信息的混合。

（二）优势与特点

1. 沉浸式体验

VR 技术能够提供极具沉浸感的体验，使设计师和工程师能够在虚拟空间中自由移动，感受建筑设计的真实尺度和比例。这有助于发现设计中的问题，提高设计质量。

2. 实时的可视化

AR 技术通过在用户的真实环境中叠加数字信息，使设计师和施工人员能够实时看到设计模型与实际场地的结合。这为决策提供了更坚实的基础，减少了设计和施工中的误差。

3. 协同工作的机会

VR 和 AR 技术为多人协同工作提供了可能。设计团队可以在虚拟空间中共同查看和修改设计，而施工人员可以通过 AR 眼镜实时获取建筑图纸和指导信息，提高了协同效率。

4. 效率提升与成本降低

通过在设计和施工阶段使用 VR 和 AR 技术，可以更早地发现问题，减少修改成本。

同时，虚拟设计和实时的可视化有助于提高工作效率，加速项目进度。

5. 创新设计与客户交互

VR 技术可以为设计师提供一个创新的设计工具，使其能够尝试新的理念和方案。同时，VR 还为客户提供了沉浸式的体验，能够更好地理解设计概念，促进设计师与客户之间的交流与合作。

（三）应用场景

1. 设计过程中的应用

虚拟设计工作室：设计团队可以在虚拟空间中共同工作，通过 VR 设备查看和修改设计方案，实时探讨建筑的外观、内部布局等。

虚拟实景漫游：利用 VR 技术，设计师和客户能够在建筑设计的早期阶段进行虚拟实景漫游，真实感受建筑的空间感和氛围感。

2. 施工过程中的应用

实时建筑信息：AR 技术可以通过手机或 AR 眼镜向施工人员提供实时的建筑信息，包括结构、管道、电气线路等，帮助施工人员更好地理解设计意图。

工程导航：AR 技术可用于提供实时的导航和位置信息，指导施工人员在工地上移动，并标示出需要关注的建筑细节和任务点。

3. 客户交互与展示

虚拟实景展示：利用 VR 技术，开发商和设计师可以在销售过程中向客户展示虚拟实景，使客户更好地理解和体验未来建筑。

AR 导览与解说：在建筑竣工后，利用 AR 技术可以提供虚拟导览服务，为访客提供建筑的详细信息和解说，提升建筑的参观体验。

（四）未来发展趋势

1. 更智能的虚拟设计工具

未来，虚拟设计工具将更加智能化，结合人工智能和机器学习技术，为设计师提供更多创意的建议和优化方案，加速设计过程。

2. 更广泛的硬件应用

随着硬件技术的不断发展，未来的 VR 和 AR 设备将变得更加轻便、便携，并具备更高的性能。这将使得这些技术更广泛地应用于建筑设计和施工现场。

3. 虚拟与现实的深度融合

未来 VR 与 AR 技术有望实现更深层次的融合，形成虚拟与现实的无缝连接。这意味着设计师和施工人员可以在同一平台上完成工作，实时查看虚拟设计与实际施工之间的对应关系。

4. 更多的交互性与体感技术

随着技术的进步，未来的 VR 与 AR 应用将更关注用户的交互性和体感体验。通过引入更先进的手势识别、眼球追踪等技术，用户可以更自然地与虚拟环境互动，提高操作的便捷性和真实感。

5. 数据集成与分析

未来 VR 与 AR 技术将更加注重与其他建筑系统和工程软件的数据集成。这意味着设计师和施工人员可以在虚拟环境中直接获取和分析建筑的各种数据，帮助他们做出更明智的决策。

6. 智能建筑的 AR 导览与管理

随着智能建筑的不断发展，AR 技术有望用于建筑内部的导览和管理。通过 AR 眼镜，用户可以获取关于建筑设备、能源消耗等方面的实时信息，提高建筑的运营效率。

7. 虚拟与现实的融合展示

未来，VR 与 AR 将更多地融入建筑的展示领域。通过在展览或销售中心使用虚拟现实技术，潜在买家可以在虚拟环境中亲身体验未来房产，帮助他们更好地做出购买决策。

（五）挑战与应对

1. 技术成本

目前，高质量的 VR 与 AR 设备仍然相对昂贵，对于一些中小型建筑公司而言，投入这些技术可能存在一定的负担。未来需要更加成熟的技术和更经济实惠的设备，以促进这些技术在建筑领域的广泛应用。

2. 隐私与安全问题

在使用 AR 技术时，涉及个人或建筑业主的隐私问题。同时，AR 技术的使用可能会产生一些安全风险，如在建筑现场使用 AR 眼镜可能导致施工人员分心，容易发生事故。在推广应用中需要建立相关的隐私保护和安全管理制度。

3. 技术标准与互操作性

VR 与 AR 领域存在多个厂商提供的技术标准不一致的问题，这可能导致不同设备之间的互操作性不足。未来需要建立更统一的技术标准，以促进设备和软件的互通性，降低用户的学习成本。

4. 用户接受度

虽然 VR 与 AR 技术在建筑领域有广泛的应用前景，但用户接受度仍然是一个重大挑战。一些人可能感到在虚拟和现实之间的切换令人不适，或者觉得这种技术对于他们的工作并非必需。

VR 与 AR 技术在建筑设计与施工中的应用为行业带来了巨大的变革。通过提供沉浸式体验、实时的可视化和协同工作的机会，这些技术不仅提高了工作效率，而且为创新设计、客户交互等方面带来了新的可能性。随着技术的不断发展和应用场景的拓展，VR 与 AR 将更深层次地融入建筑行业，为建筑设计、施工和运营带来更多的便利和创新。然而，在迎接这一技术浪潮的同时，行业需要共同应对技术成本、隐私安全、标准互通等挑战，确保这些技术在建筑领域的可持续发展。

二、模拟与虚拟训练在建筑施工中的角色

建筑施工是一个复杂而高风险的行业，要求工作人员具备丰富的经验和高水平的技能。模拟与虚拟训练技术的应用为建筑施工行业带来了革命性的变革，为工作人员提供了更加安全、高效、实战化的培训环境。本文将深入探讨模拟与虚拟训练在建筑施工中的角色，包括技术原理、优势、应用场景以及未来发展趋势。

（一）技术原理

1. 模拟训练

模拟训练是通过模拟真实场景和操作过程的方式，让培训对象在模拟环境中进行实际操作，以提高其技能水平和应对复杂情境的能力。在建筑施工中，模拟训练通常采用物理模型或设备，帮助学员能够在受控制的环境中进行实际操作，例如使用建筑设备、进行安全操作等。

2. 虚拟训练

虚拟训练是通过计算机技术创建虚拟环境，使培训对象能够在虚拟现实中进行操作和学习。虚拟训练通常借助虚拟现实（VR）技术，通过头戴式显示器等设备提供沉浸式的体验。培训对象可以在虚拟环境中进行建筑场景的模拟操作，学习与实际工作相关的技能。

（二）优势与特点

1. 安全性

模拟与虚拟训练提供了一个安全的学习环境，减少了在实际施工中可能发生的意外和事故。培训对象可以在没有真实危险的情况下进行实际操作，降低了事故发生的风险。

2. 实战化训练

模拟与虚拟训练能够模拟真实施工场景，使培训对象能够进行实战化的训练。他们可以在虚拟环境中面对各种复杂情境，提高应对实际工作中挑战的能力。

3. 提高效率

通过模拟与虚拟训练，工作人员可以更加高效地学习和掌握技能。无须在实际施

工现场等待机会进行实际操作，培训对象可以随时随地进行训练。

4. 可重复性与反馈

模拟与虚拟训练允许培训对象进行反复练习，直至达到满意的水平。系统还能够提供实时反馈，指导培训对象在训练过程中发现和纠正错误，从而不断提升技能。

5. 成本效益

相比于在实际施工现场进行培训，模拟与虚拟训练更为经济实惠。它们减少了人员和设备的实际使用成本，同时无须承担因意外事故带来的额外费用。

（三）应用场景

1. 建筑设备操作培训

模拟与虚拟训练可用于建筑设备的操作培训，例如吊装设备、挖掘机等。培训对象可以在虚拟环境中模拟实际操作，学习设备的正确使用方法，提高操作熟练度。

2. 安全操作培训

建筑施工中的安全操作至关重要。模拟与虚拟训练可以模拟各种危险情境，培训对象学习如何正确应对，并熟悉安全操作规程，提高工作人员的安全意识。

3. 施工流程模拟

通过虚拟训练，工作人员可以模拟整个建筑施工流程，从基础施工到细节操作，以更好地理解整个施工过程，提高协同工作的效率。

4. 团队协同培训

虚拟训练还可以用于团队协同培训，多个工作人员可以在虚拟环境中开展协同工作，提高团队配合的默契度，减少沟通误差。

5. 紧急情况应对培训

模拟训练可以模拟建筑施工中可能发生的紧急情况，如火灾、地震等。工作人员在虚拟环境中学习应对方法，提高应急反应能力。

（四）未来发展趋势

1. 智能化与人工智能整合

未来，模拟与虚拟训练将更多地与智能化和人工智能技术进行整合。通过引入智能教练系统，能够根据个体学员的学习情况提供个性化的培训方案和反馈，以及在模拟环境中引入更智能的角色扮演，增加培训的真实感。

2. 虚拟现实与增强现实的更广泛应用

未来，随着虚拟现实（VR）和增强现实（AR）技术的不断发展，建筑施工领域将更广泛地应用这些技术。VR 可提供更沉浸式的体验，而 AR 则可以将虚拟信息与现实场景融合，使得培训更加直观和贴近实际。

3. 多模态学习体验

未来的模拟与虚拟训练系统可能更加注重多模态学习体验，包括视觉、听觉、触觉等方面。通过模拟真实的感觉和情境，培训对象可以更全面地理解和应对复杂的施工环境。

4. 数据驱动的培训分析

随着大数据和数据分析技术的发展，未来的模拟与虚拟训练系统将能够收集大量培训数据，进行深度分析。这将有助于了解学员的学习进度、弱项和优势，为个性化培训提供更精准的指导。

5. 在线协同培训的普及

随着云计算和在线技术的发展，未来模拟与虚拟训练将更容易进行在线协同培训。不同地区的工作人员可以通过云平台共享虚拟环境，进行实时的远程协同培训，推动经验和知识的传递。

（五）挑战与应对

1. 技术成本和设备要求

虚拟和模拟训练系统的建设需要投入大量资金，特别是高质量的 VR 和 AR 设备。建筑公司可能需要权衡投资成本和培训效果，选择适合自身情况的技术方案。

2. 现实与虚拟环境的差异

尽管模拟与虚拟训练可以模拟真实场景，但仍难以完全还原实际施工环境的复杂性。培训对象可能需要在实际施工中进一步适应未模拟到的因素。

3. 人员接受度和文化差异

一些工作人员可能对新技术的接受度较低，特别是年长或传统培训方式经验较多的人员。在推广应用中需要考虑培训对象的文化差异和接受度，提供相应的培训支持。

4. 需要专业人员支持

建设和维护模拟与虚拟训练系统需要专业的技术团队，这可能对一些中小型建筑公司构成一定的挑战。培训公司需要拥有一支具备相关技术和管理经验的专业团队。

模拟与虚拟训练在建筑施工中的应用为培训提供了全新的可能性，为工作人员提供了更安全、高效、实战化的学习环境。通过模拟真实场景和引入虚拟现实技术，建筑行业的培训方式正在逐步演变，使培训更贴近实际工作，提高了培训效果。然而，仍需面对技术成本、设备要求、现实与虚拟环境的差异等挑战，未来需要行业各方共同努力，不断创新和完善培训体系，推动模拟与虚拟训练在建筑施工中的更广泛应用。

第四节　施工工艺的数字化与优化

一、数字化工程模拟与预测

数字化工程模拟与预测是一种通过计算机技术和先进的数学模型，对工程过程进行模拟和预测的方法。这一方法的出现与发展，标志着工程领域的数字化转型，为工程设计、规划、施工等各个环节提供了更为精准、高效的工具和手段。本章节将深入探讨数字化工程模拟与预测的原理、优势、应用领域以及未来发展趋势。

（一）数字化工程模拟与预测的原理

1. 数学建模与计算机仿真

数字化工程模拟与预测的核心是数学建模和计算机仿真。首先，将工程问题抽象成数学模型，通过数学公式和方程描述工程系统的各个要素和相互关系。其次，利用计算机技术对这些数学模型进行仿真计算，以获取工程系统在不同条件下的行为、性能等信息。

2. 数据采集与分析

数字化工程模拟与预测还需要大量的实际数据支持。通过传感器、监测设备等方式，实时采集工程系统的数据，包括温度、压力、流速等各种参数。这些数据经过分析和处理后，用于验证数学模型的准确性，并作为输入条件进行模拟与预测。

（二）优势与特点

1. 精准度与准确性提升

数字化工程模拟与预测借助先进的数学模型和计算机算力，能够更精准地描述工程系统的行为。相比传统的手工计算和试错方法，数字化工程模拟大大提升了模拟结果的准确性。

2. 时间与成本效益

通过数字化工程模拟，工程师可以在计算机环境中进行快速的多次试验，迅速获取大量数据。这大大缩短了设计和优化的周期，降低了试错成本。在工程规划、设计和优化阶段，数字化模拟能够提供更为经济有效的方案。

3. 多场景多条件模拟

数字化工程模拟具备处理多场景多条件的能力。工程系统在不同环境和工况下的行为可以通过数字化模拟进行全面而深入的分析，帮助工程师更好地理解系统的复杂性和可变性。

4. 可视化与交互性

数字化工程模拟结果可以以可视化的方式呈现，使得工程师和决策者能够直观地观察和理解模拟过程和结果。同时，数字化工程模拟也具备一定的交互性，用户可以根据需要调整模型参数，实时查看模拟效果。

5. 风险评估与决策支持

通过数字化工程模拟，可以对工程系统的各种风险进行评估和分析。这为决策者提供了更加全面的信息，帮助其在项目规划和决策过程中制定更科学、合理的决策。

（三）应用领域

1. 工程设计与优化

数字化工程模拟在工程设计与优化中发挥着关键作用。通过模拟不同设计方案在不同工况下的性能，工程师可以在尚未实际建造的阶段，评估各种设计方案的优劣性，进而选择最合适的方案。

2. 施工规划与协调

在施工规划阶段，数字化工程模拟可用于模拟施工流程、资源利用、协调与排布等方面。通过模拟，可以提前发现施工中可能出现的问题，提高施工效率和安全性。

3. 资源管理与能效优化

数字化工程模拟在资源管理和能效优化方面也有广泛应用。例如，在城市规划中，可以模拟城市能源系统的运行情况，优化能源利用；在工业生产中，可以模拟生产线的运行，实现资源的最优利用。

4. 环境保护与可持续发展

数字化工程模拟有助于评估工程对环境的影响，并为可持续发展提供支持。在建筑设计中，可以模拟建筑在不同季节和天气条件下的能耗情况，优化建筑的节能设计。

5. 灾害风险评估与应急预案

在灾害风险评估方面，数字化工程模拟可以帮助预测自然灾害如地震、洪水等对工程系统的影响，为制定灾害应急预案提供科学依据。

（四）未来发展趋势

1. 多物理场耦合模拟

未来，数字化工程模拟将更加注重多物理场耦合的模拟，包括结构力学、流体动力学、热传导等多个领域的耦合。这有助于更全面地理解复杂工程系统的行为，提高模拟的真实性和逼真度。

2. 人工智能与机器学习的融合

人工智能（AI）和机器学习（ML）技术的不断发展将与数字化工程模拟融合，提升模型的智能化水平。通过机器学习算法，系统能够根据实时数据自动优化模型参数，适应不断变化的工程条件。

3. 大数据的应用

随着大数据技术的进步，数字化工程模拟将更多地依赖于大规模的数据集。大数据的应用可以提供更加详尽的信息，增强模型的精度，并为模拟结果提供更全面的背景。

4. 边缘计算的发展

边缘计算技术的发展将使数字化工程模拟更具灵活性。在边缘设备上进行模拟和预测可以减少数据传输的延迟，提高响应速度，特别适用于需要实时决策的工程应用场景。

5. 可视化技术的创新

可视化技术的创新将进一步提升数字化工程模拟的用户体验。虚拟现实（VR）、增强现实（AR）等技术的应用将使工程师能够更直观地与模拟结果进行交互，进一步提高工程决策的效率。

（五）挑战与应对

1. 模型精度与验证

数字化工程模拟的精度主要依赖于模型的准确性，而模型的准确性需要通过实测数据进行验证。因此，如何获取大量准确的实测数据，并有效验证模型的精度，仍然是一个挑战。

2. 数据安全与隐私

数字化工程模拟需要大量的实时数据支持，而这些数据涉及工程系统的敏感信息。如何在数字化工程模拟中保障数据的安全和隐私，防止出现数据泄露，是一个亟待解决的问题。

3. 多学科集成与协同

数字化工程模拟涉及多学科的知识，需要不同领域的专业人才进行协同工作。如何有效地进行多学科集成，促进协同合作，是一个需要解决的挑战。

4. 多尺度模拟与耦合问题

工程系统往往涉及多个尺度的问题，从微观结构到宏观系统。数字化工程模拟需要解决不同尺度之间的耦合问题，确保模拟结果的一致性和可靠性。

5. 教育与培训需求

数字化工程模拟的广泛应用需要工程领域的专业人才具备相关的知识和技能。因此，培养适应数字化工程模拟需求的人才，建立相应的培训体系是当前面临的挑战之一。

数字化工程模拟与预测作为工程领域数字化转型的关键一环，为工程设计、规划、施工等各个阶段提供了先进而高效的工具和方式。通过提高精准度、减少试错成本、实现多场景模拟等优势，数字化工程模拟已经在各个领域取得了显著的成果。未来，随着技术的不断创新，数字化工程模拟将迎来更多机遇和挑战，需要行业各方共同努力，推动数字化工程模拟的发展，为工程领域的可持续发展提供更为强大的支持。

二、施工过程中的数字化监控与反馈

随着科技的迅速发展，数字化监控与反馈在建筑施工领域得到了广泛应用。这种技术的采用不仅提高了施工的效率和质量，而且同时也加强了对施工过程的实时管理和控制。本章节将深入探讨数字化监控与反馈在施工过程中的原理、优势、应用场景，以及未来的发展趋势。

（一）数字化监控与反馈的原理

1. 传感器技术的应用

数字化监控的核心是传感器技术的应用。在建筑施工中，各种传感器如温度传感器、湿度传感器、位移传感器等被广泛应用于施工现场，实时监测施工过程中的各项参数。

2. 数据采集与实时传输

通过传感器采集到的数据，数字化监控系统能够实时将这些数据传输至中央处理单元。这种实时的数据传输使得管理人员能够迅速获取有关施工现场状况的详尽信息，有助于及时做出反应。

3. 数据分析与决策支持

数字化监控系统通过对实时数据进行分析，能够生成可视化的报告和图表，为管理层提供全面的施工数据。这些数据有助于对施工过程进行实时监控和分析，为决策提供科学依据。

（二）数字化监控与反馈的优势

1. 实时性与准确性

数字化监控系统实现了对施工过程的实时监测，使得管理人员能够随时随地获取到准确的数据。这为迅速应对施工中的问题提供了有力的支撑。

2. 资源优化与成本控制

通过数字化监控系统，管理人员能够更好地优化施工资源的使用，避免资源浪费。这有助于降低成本，提高施工效益。

3. 安全管理与事故预防

数字化监控系统可以监测施工现场的安全状况，通过传感器检测潜在的危险因素，提前预警，有助于预防施工事故的发生，保障工人的安全。

4. 质量控制与项目管理

数字化监控系统提供了更为精确的数据，有助于质量控制。管理人员可以实时监测施工质量，及时发现问题并采取纠正措施，提高整体工程质量。

5. 环境监测与可持续发展

数字化监控系统不仅可以监测施工过程中的物理参数，而且还可以监测环境影响，有助于实现可持续发展目标。通过数据分析，可以优化施工方式，减少对环境的不良影响。

（三）应用场景

1. 施工过程的实时监控

数字化监控系统可以实时监控施工过程中的各个环节，包括土方施工、混凝土浇筑、结构安装等。管理人员可以通过可视化界面清晰地了解施工现场的情况。

2. 设备状态与维护

通过传感器监测设备的工作状态和性能，数字化监控系统可以提前预警设备可能出现的故障，并进行定期的维护，保障设备的正常运行。

3. 安全管理与事故预防

数字化监控系统通过传感器监测施工现场的安全情况，如高处坠落、电击等危险因素。一旦检测到危险，系统将立即发出警报，提供实时的事故预警。

4. 资源管理与节能减排

通过监控施工现场的能耗情况，数字化监控系统可以优化资源的使用，实现节能减排。例如，在建筑施工中，系统可以监测照明、空调等设备的能耗，提供合理的能源管理建议。

5. 质量控制与项目管理

数字化监控系统可以监测建筑材料的质量，包括混凝土强度、钢筋质量等。这有助于提高工程的整体质量，并在项目管理中提供科学依据。

（四）未来发展趋势

1. 人工智能与大数据的深度整合

未来，数字化监控系统将更加深度整合人工智能和大数据技术。通过对大量实时数据的分析，系统将具备更为智能化的预测和决策能力。

2. 无人化施工与自动化管理

随着自动化技术的不断发展，数字化监控系统将更加实现对施工现场的无人化监控和自动化管理。例如，通过自动驾驶技术实现材料运输、机械设备操作等任务。

3. 可穿戴设备的应用

未来，数字化监控系统可能会结合可穿戴设备，如智能头盔、智能手套等，实现对施工人员的生理参数监测。这有助于提高施工人员的工作效率和安全性。

4. 区块链技术的应用

区块链技术的应用有望提升数字化监控系统的数据安全性和透明度。通过区块链技术，可以保障施工数据的完整性和不可篡改性，防止数据被恶意篡改和滥用。

5. 边缘计算的普及

随着边缘计算技术的发展，数字化监控系统将更加倚重边缘计算，降低数据传输时延，提高系统的实时性和响应速度。这对于需要迅速响应的施工现场具有重要意义。

（五）挑战与应对

1. 数据安全与隐私保护

随着数字化监控系统使用的数据量增加，数据安全和隐私保护成为一个严峻的挑战。未来需要加强对数字化监控系统的数据加密、权限控制等方面的研究，确保数据的安全性和隐私性。

2. 技术标准与互通性

目前，数字化监控系统存在着各种各样的技术标准，不同厂商的设备和系统之间缺乏互通性。为了实现数字化监控系统的广泛应用，需要建立统一的技术标准，推动设备和系统的互联互通。

3. 人才培养与应用推广

数字化监控系统需要专业的人才进行设计、开发和维护。目前，人才培养滞后，需要加强对数字化监控系统相关技术的培训与推广，提高施工企业和管理人员的数字化技能。

4. 设备可靠性与维护成本

数字化监控系统所使用的传感器和设备需要保证其可靠性，能够在恶劣的施工环境中长时间稳定运行。同时，维护这些设备的成本也需要得到合理的控制。

5. 法律法规与规范体系

数字化监控系统的广泛应用涉及法律法规的合规性和规范的制定。相关法规和规范体系需要不断完善，以保障数字化监控系统在合法合规的基础上推广应用。

数字化监控与反馈在建筑施工领域发挥着越来越重要的作用，实现了对施工过程的实时监测、资源优化、安全管理等方面的优势。随着科技的不断进步，未来数字化监控系统将更加智能化、自动化，并在无人化施工、可穿戴设备的应用、区块链技术的加入等方面取得创新突破。然而，数字化监控系统仍然面临着数据安全、技术标准、人才培养等方面的挑战，需要产业界、学术界和政府共同努力，促进数字化监控技术的可持续发展，为建筑施工领域的现代化提供有力支持。

三、工程施工优化的智能算法与技术

随着科技的迅速发展，智能算法与技术在工程施工领域的应用逐渐成为提高效率、降低成本、优化资源利用的重要手段。本章节将深入探讨工程施工中智能算法与技术的原理、优势、应用场景以及未来的发展趋势。

（一）智能算法与技术的原理

1. 人工智能

人工智能（AI）是指计算机系统通过模拟人类智能过程，完成复杂的认知任务。在工程施工中，AI 可通过机器学习、深度学习等技术，从历史数据中学习，为施工决策提供智能支持。

2. 数据分析与大数据

数据分析和大数据技术是从庞大的数据集中提取有用信息的关键工具。通过分析历史施工数据、监测传感器数据等，可以为工程施工提供更为精准的预测和决策支持。

3. 模拟与仿真技术

模拟与仿真技术通过数学模型对施工过程进行模拟，帮助预测可能的问题和解决方案。这有助于在实际施工中提前发现潜在的风险，优化施工计划。

4. 无人化与自动化技术

无人化与自动化技术在施工领域发挥着越来越重要的作用。例如，自动驾驶设备、机器人和无人机等技术可用于完成重复性高、危险性高的任务，提高施工效率。

5. 云计算与边缘计算

云计算和边缘计算技术通过提供高效的计算和存储能力，支持远程协作和实时决策。施工现场的数据可以通过云计算进行处理和存储，边缘计算则提供了更快速的实时响应。

（二）智能算法与技术的优势

1. 提高施工效率

智能算法与技术的应用可以自动化烦琐的任务，减轻工程人员的负担，提高施工效率。例如，无人机可以用于快速的勘测和监测，节省时间和人力成本。

2. 优化资源利用

通过数据分析和大数据技术，可以更好地了解资源的使用情况，优化施工计划和资源分配。这有助于避免资源浪费，降低施工成本。

3. 提升施工质量

模拟与仿真技术可以模拟施工过程中的各种情景，帮助预测潜在问题并提前解决。

这有助于提高施工质量，减少施工中的错误。

4. 提升安全性

无人化与自动化技术可以用于完成危险任务，降低工程人员的安全风险。智能传感器可以监测施工现场的安全状况，及时发出警报，避免事故的发生。

5. 实现实时监控与反馈

云计算和边缘计算技术实现了对施工现场的实时监控与反馈。管理人员可以随时随地获取有关施工进度、质量和安全的信息，及时调整施工计划。

（三）应用场景

1. 施工计划与调度

智能算法可以通过历史施工数据和实时监测信息，预测施工进度，优化施工计划和资源调度。这有助于提高施工效率和减少项目延期的风险。

2. 材料和设备管理

通过 RFID 技术和传感器监测，可以实现对施工现场材料和设备的实时追踪和管理。这有助于减少资源浪费和提高施工效率。

3. 质量控制与监测

智能传感器和监测技术可用于实时监测施工过程中的质量参数，提高对施工质量的控制。例如，可通过传感器监测混凝土的强度，确保达到设计标准。

4. 安全管理与风险预测

智能传感器和摄像头可以监测施工现场的安全状况，识别潜在的危险因素。结合机器学习算法，可以进行风险预测，提前采取措施防范事故。

5. 施工过程中的实时监控

通过无人机、摄像头等设备实时监控施工现场，管理人员可以远程查看施工进度、工人活动等情况，及时调整施工计划。

（四）未来发展趋势

1. 智能建筑信息模型（BIM）的广泛应用

BIM 技术将更加广泛地应用于工程施工中，实现了对建筑信息的数字化建模、协同设计、施工模拟等功能。未来，BIM 将与智能算法相结合，更好地优化施工过程，提高设计与施工的协同效率。

2. 深度学习与神经网络的应用

深度学习和神经网络在图像识别、语音识别等领域取得了显著的成就。在工程施工中，这些技术有望用于更精准的施工现场监测、安全管理和质量控制，提高自动化水平。

3. 边缘计算技术的深入应用

随着边缘计算技术的成熟，将更多的计算和决策推向施工现场，降低数据传输时延，提高实时性。这对于需要及时决策的施工现场具有重要的意义。

4. 机器人技术的进一步普及

机器人在工程施工中的应用将进一步普及，涵盖更多的领域，例如机械施工、物流运输、建筑结构组装等。机器人的使用将提高施工效率，降低劳动强度。

5. 集成化与标准化的平台发展

未来智能算法与技术的发展将更加重视集成化和标准化。建立通用的平台和标准，使不同厂商的设备和系统能够更好地互联互通，推动智能化施工的整体发展。

（五）挑战与应对

1. 技术集成的挑战

不同的智能算法和技术需要进行有效的集成，确保它们能够协同工作。解决技术集成的挑战需要行业内各方的共同努力，推动标准化和开放性平台的建设。

2. 数据隐私与安全问题

随着数据的不断增多，数据隐私与安全问题成为智能施工面临的重要挑战。建立合理的数据安全标准和加密机制，确保施工数据的隐私与安全是当前亟待解决的问题。

3. 人才培养的挑战

智能施工需要具备相关技术知识的工程人才。目前，行业内对于智能施工人才的需求远超供给，因此，人才培养成为智能施工发展的一大“瓶颈”。

4. 投资与成本问题

引入智能算法与技术需要投入大量的资金，包括硬件设备、软件开发、培训等方面。企业需要对投资回报进行合理评估，并寻求适当的支持措施。

5. 法规与政策的制定

智能施工涉及数据采集、隐私保护、人机协同等多个方面，需要建立完善的法规与政策体系，明确相关责任与义务，推动行业健康有序发展。

智能算法与技术在工程施工中的应用为提升效率、优化资源、提高安全性等方面带来了显著的优势。未来，随着技术的不断发展和创新，智能施工将在更多领域取得突破，推动建筑行业向数字化、智能化方向迈进。然而，智能施工面临的挑战也不能忽视，需要产业界、学术界、政府等多方开展合作，共同努力克服技术、人才、法规等方面的障碍，为智能施工的可持续发展创造良好条件。

第五章　智能建筑项目管理

第一节　智能建筑项目管理概述

一、智能建筑项目管理的定义与范畴

（一）概述

随着科技的不断发展和社会的进步，智能建筑在现代城市规划和建设中扮演着日益重要的角色。智能建筑项目的成功实施需要有效的项目管理，以确保各种技术和创新能够顺利集成并满足建筑业主和用户的需求。本章节将深入探讨智能建筑项目管理的定义、范畴及其细分领域。

（二）智能建筑项目管理的定义

智能建筑项目管理是指在规划、设计、建造和运营智能建筑过程中，通过科学的方法和有效的组织，对项目进行计划、监控和控制，以实现提高建筑可持续性、降低能源消耗、提升用户体验等目标的管理活动。智能建筑项目管理旨在整合各种先进技术，如物联网、人工智能、大数据分析等，使建筑系统更加智能、高效、可持续。

（三）智能建筑项目管理的范畴

1. 项目规划与可行性分析

项目规划是智能建筑项目管理的起点，包括确定项目的目标、范围、时间和预算。在这一阶段，需要进行智能建筑的可行性分析，评估各项技术的可行性、成本效益以及对环境和社会的影响。这个阶段的决策将直接影响整个项目的成功实施。

2. 设计与技术集成

在设计阶段，智能建筑项目管理需要确保各种先进技术能够被有效集成到建筑系统中。这包括物联网设备、智能传感器、自动化系统等。项目管理团队需要协调设计师、工程师和技术专家，确保设计方案符合项目目标和规划。

3. 建造与施工管理

建造阶段涉及物理建设，智能建筑项目管理需要确保施工过程中各项技术得到正确实施。这包括协调建筑施工团队和技术供应商，保障设备的正确安装、系统的有效运行，并保证施工过程符合规范和标准。

4. 监控与维护

虽然建筑物建成，但智能建筑项目管理的任务并未结束。监控与维护阶段需要确保建筑系统的持续稳定运行，包括定期的设备检查、数据分析、故障排除等。项目管理团队需要建立有效的监控体系，以便及时发现并解决问题，确保智能建筑的长期可持续性。

5. 用户培训与体验管理

智能建筑项目的成功与否很大程度上取决于最终用户的满意度。因此，项目管理需要包括用户培训和体验管理。通过培训用户了解和正确使用智能建筑系统，提高他们的体验和满意度，进而实现项目的整体成功。

6. 数据安全与隐私保护

随着智能建筑系统的广泛应用，数据安全和隐私保护成为项目管理的关键方面。项目管理团队需要制定严格的数据安全政策，确保系统中的数据不被未授权的访问和使用。同时，还需要考虑用户隐私的保护，确保智能建筑系统的使用不侵犯用户的个人隐私权。

7. 环境可持续性管理

智能建筑项目管理需要关注项目对环境的影响，包括能源消耗、废物处理等。通过采用可持续的设计和管理方法，项目管理可以最大限度地减少对环境的负面影响，实现智能建筑的生态友好性。

（四）智能建筑项目管理的细分领域

1. 智能能源管理

智能建筑项目管理的一个重要方面是智能能源管理，包括能源的监测、优化和节约。通过利用先进的能源管理系统，智能建筑可以实现对能源的高效利用，减少浪费，降低能源成本，进而实现可持续发展的目标。

2. 智能安全管理

智能建筑的安全管理不仅包括物理安全，还涉及网络安全和数据安全。项目管理需要确保智能建筑系统的各个方面都具有高度的安全性，防范潜在的威胁和攻击，保护建筑内的人员和设备的安全。

3. 智能建筑运营与维护

智能建筑的运营与维护是项目管理的一个关键领域。通过建立智能化的运营体系，包括实时监控、预防性维护和故障排除，项目管理可以确保建筑系统的稳定运行，最大限度地减少停机时间和维护成本。

4. 据智能建筑数据分析与优化

在智能建筑项目管理中，数据分析是一个至关重要的细分领域。通过收集和分析各种传感器、设备和用户数据，项目管理可以获得对建筑性能的深入了解。这包括能源使用情况、室内环境质量、设备运行状况等。通过对这些数据的分析，可以发现潜在的优化点，提高建筑的整体效能和可持续性。

5. 智能建筑人机交互与用户体验优化

智能建筑的用户体验是项目管理的一个关键焦点。在这个细分领域，项目管理需要关注建筑系统与用户之间的交互，确保系统的易用性和用户满意度。这可能涉及用户界面设计、声音识别技术、智能控制等方面的管理工作，以提高用户对智能建筑的舒适感和便利性。

6. 智能建筑标准与法规合规

在智能建筑项目管理中，遵循相关的标准和法规是至关重要的。项目管理团队需要了解并确保项目在设计、施工和运营中符合国家和地区的智能建筑相关标准与法规，以降低潜在的法律风险，并确保项目的可持续性。

7. 智能建筑创新与研发

智能建筑项目管理还需要关注创新与研发领域。通过积极参与新技术的研究和实验，项目管理可以推动智能建筑领域的创新，引入更先进的技术和解决方案，提升整个行业的水平。

8. 智能建筑社会影响与可持续发展

智能建筑项目管理也需要考虑项目对社会的影响以及可持续发展的方向。这包括建筑对社区的社会经济影响、对城市发展的贡献，以及对环境可持续性的支持。通过有效的社会责任管理，项目可以实现更加综合和长期的发展。

二、智能建筑项目管理流程与方法

随着科技的发展，智能建筑项目管理成为推动建筑行业创新和发展的关键因素。在智能建筑项目的生命周期中，一个科学合理的项目管理流程和方法能够确保项目的高效实施、质量可控以及可持续发展。本文将深入探讨智能建筑项目管理的流程与方法，涵盖项目规划、设计、建造、运营及维护等不同阶段。

（一）智能建筑项目管理流程

1. 项目规划阶段

项目规划是智能建筑项目管理的起始点，涉及确定项目目标、范围、时间和预算等方面。在这一阶段，项目管理团队应进行细致的需求分析，明确智能建筑所需技术和功能，以满足业主和用户的期望。流程包括以下几点：

需求收集与分析：定义智能建筑的功能和性能需求，考虑业主和用户的期望。

可行性分析：评估各种技术和解决方案的可行性，包括成本、风险、环境影响等。

项目目标与计划：确定项目的整体目标和制定详细的项目计划，包括时间表、预算和资源分配。

2. 设计阶段

在设计阶段，项目管理重点确保智能建筑系统的设计方案能够充分满足项目规划中明确的需求。流程包括以下几点：

技术选型与集成规划：选择适当的智能技术，规划它们的集成，确保系统的互操作性。

系统架构设计：制定系统的整体架构，包括硬件设备、软件平台、通信协议等。

安全与隐私策略：制定系统的安全策略和隐私保护方案，确保系统不受到恶意攻击，使用户数据得到妥善保护。

3. 建造与施工阶段

在建造与施工阶段，项目管理的目标是确保智能建筑系统按照设计规范和计划得以实施。流程包括以下几点：

供应商与承包商管理：选择合适的供应商和承包商，签订合同，管理其工作进度和质量。

工程施工管理：保障智能建筑系统的设备、传感器等组件按照设计方案进行准确安装。

质量控制与验收：进行质量控制，确保施工质量符合标准，并进行系统验收，验证系统是否满足设计要求。

4. 运营与维护阶段

运营与维护阶段是智能建筑项目的长期阶段，项目管理需要确保系统持续稳定运行。流程包括以下几点：

监控与数据分析：建立实时监控体系，分析系统运行数据，及时发现并解决问题。

预防性维护：制定维护计划，进行定期检查和维护，预防设备故障和性能下降。

用户支持与培训：提供用户支持服务，解答用户问题，定期进行培训，确保用户能够充分利用系统。

（二）智能建筑项目管理方法

1. 敏捷项目管理方法

敏捷项目管理方法适用于智能建筑项目的快速迭代和不断优化的需求。采用敏捷方法，项目管理可以根据用户的反馈和需求灵活调整项目计划和设计，确保项目在变化的环境中能够适应和演化。关键方法包括以下几点：

迭代开发：将项目划分为多个小周期，每个周期完成一部分功能，可以更快地交付可用的产品。

持续集成与交付：通过持续集成，确保新功能和改进能够快速融入系统，并通过持续交付实现及时部署。

2. 瀑布项目管理方法

尽管敏捷方法在适应变化方面更灵活，但在某些情况下，采用经典的瀑布（Waterfall）项目管理方法也是比较合适的。这种方法适用于项目需求相对稳定，可以在不同阶段进行详细计划和执行的情况。关键方法包括以下几种：

阶段性计划：将项目划分为明确定义的阶段，每个阶段有明确的目标和交付物。

详细文档和规范：在每个阶段中，制定详细的文档和规范，确保设计和实施的一致性。

3. 风险管理方法

智能建筑项目涉及多种复杂技术和系统，因此风险管理是项目成功的关键因素之一。通过采用风险管理方法，项目管理可以在项目早期识别和评估潜在风险，并在项目生命周期中采取相应措施以降低风险。关键方法包括以下几种：

风险识别：在项目启动阶段，通过团队讨论、专家意见和文献研究等方式，识别潜在的技术、计划和市场风险。

风险评估：对已识别的风险进行定性和定量评估，包括风险的概率、影响和优先级，以此来确定关注的重点。

风险规避和转移：采取措施规避或转移风险，如采用备用技术方案、购买保险等。

风险监控和应对：在项目执行过程中，持续监控风险的状态，及时应对新的风险，调整项目计划和策略。

4. 信息技术支持的项目管理方法

在智能建筑项目中，信息技术（IT）的支持是不可或缺的。采用信息技术支持的项目管理方法，项目管理团队可以更加高效地协同工作、跟踪项目进度和处理项目信息。关键方法包括以下几种：

项目管理软件：使用专业的项目管理软件，如 Microsoft Project、Jira 等，帮助规划、执行和监控项目。

协同工具：利用协同工具，如 Slack、Microsoft Teams 等，促进团队沟通、信息共享和即时反馈。

数据分析工具：使用数据分析工具，如 Tableau、Power BI 等，对项目数据进行深入分析，发现潜在问题和优化机会。

5. 可持续性管理方法

考虑到智能建筑项目的长期性和可持续性，采用可持续性管理方法是必不可少的。这包括在项目中融入环境、社会和经济的可持续性考虑。关键方法包括以下几种：

生命周期评估：进行整个项目生命周期的环境影响评估，包括资源消耗、废物排放等。

社会责任：关注项目对社区和社会的影响，积极参与社会责任活动，促进社区的可持续发展。

经济效益：确保项目的经济效益，使得投资能够在长期内获得回报，并促进经济可持续性。

6. 用户参与与体验设计方法

智能建筑项目成功的关键之一是用户的满意度。采用用户参与和体验设计方法，项目管理可以更好地理解用户需求，提升用户体验。关键方法包括以下几种：

用户参与设计：通过工作访问、访谈等方式，积极吸收用户的意见和建议，确保系统设计符合用户期望。

原型设计：制作系统的原型，让用户可以提前体验系统的功能和界面，收集反馈进行优化。

用户培训：提供系统使用的培训，确保用户能够熟练使用智能建筑系统，提高用户满意度。

7. 多学科团队协作方法

由于智能建筑项目涉及多个学科领域，采用多学科团队协作方法是非常重要的。项目管理需要确保各学科领域的专业人才能够协同工作，共同推动项目的成功。关键方法包括以下几种：

跨学科沟通：创造一个促进不同学科专家间交流的环境，解决专业领域之间的沟通障碍。

集成设计：采用集成设计方法，将建筑、电气、机械等多学科领域的设计融为一体，保障系统协同工作。

项目协同平台：使用专业的协同平台，如BIM（Building Information Modeling）等，帮助多学科团队协同工作，共享项目信息。

8. 灵活性与变更管理方法

智能建筑项目可能面临技术变革、用户需求变更等不断变化的情况。灵活性与变更管理方法能够帮助项目管理应对不断变化的环境。关键方法包括以下几种：

变更控制：管理和跟踪变更请求，评估变更对项目的影响，确保变更得到有效控制。

迭代开发：采用迭代开发方法，可以在每个迭代中适应新的需求和变化，确保项目的灵活性。

敏捷方法：采用敏捷方法，通过短周期的迭代和及时的反馈，快速适应变化的需求和新的技术。

综上所述，智能建筑项目管理流程与方法需要在整个项目生命周期中保持灵活性、高效性和可持续性。项目管理团队应根据具体项目情况，选用适当的方法和工具，并不断优化管理流程，以确保项目能够顺利实施，并制定相应的应对策略。

三、智能建筑项目管理对项目成功的影响

随着智能建筑技术的快速发展，项目管理在智能建筑领域中的作用变得愈加重要。成功的项目管理不仅可以确保智能建筑系统的高效实施，而且能最大限度地满足业主和用户的需求，保障项目的可持续发展。本章节将深入探讨智能建筑项目管理对项目成功的影响，并从不同维度进行详细分析。

（一）项目目标实现

1. 业主期望的满足

项目管理在规划阶段应确保详细了解业主的期望和需求，从而确定项目的目标。通过明确目标，可以确保项目团队的努力和资源都集中在实现业主期望的方向上。如果项目管理能够有效地与业主沟通、了解和解决问题，将极大提高项目对业主期望的满足度。

2. 技术和功能实现

在设计和建造阶段，项目管理需要确保智能建筑系统能够按照规划的技术和功能要求进行实现。通过严格的技术选型、集成规划和质量控制，项目管理可以确保系统的稳定性、可靠性和高性能，进而实现先进技术和功能的有效整合。

3. 可持续性与未来发展

项目管理在规划和设计阶段需要考虑项目的可持续性和未来发展。这包括采用可升级的技术和系统，以及在设计中考虑未来的扩展和变化。通过科学的规划和灵活的设计，项目管理可以确保智能建筑系统具有长期的生命周期，以适应未来的技术和市场变化。

（二）质量控制与风险管理

1. 质量控制对系统稳定性的影响

在建造阶段，项目管理通过有效的质量控制措施，确保系统的稳定性和性能。这包括设备安装的质量、系统集成的正确性，以及对系统进行的详细验收。通过强调质

量控制，项目管理可以最大程度地减少系统的故障和问题，提高智能建筑系统的可用性。

2. 风险管理对项目的可控性

智能建筑项目涉及复杂的技术和系统，因此风险管理显得尤为关键。项目管理在项目初期需要对潜在的风险进行分析和评估，并在整个项目周期中采取措施来降低或规避这些风险。通过采用有效的风险管理方法，项目管理可以保持对项目的高度可控性，确保项目在各个阶段都能够按照计划进行。

（三）资源优化与成本控制

1. 资源优化对项目效率的影响

项目管理需要合理分配人力、物力和时间等资源，以最大化项目的效率。通过优化资源的使用，项目管理可以确保团队的工作有序进行，避免资源浪费和重复劳动。合理的资源分配还可以提高项目团队的工作满意度，促进团队的协同合作。

2. 成本控制对项目可行性的影响

成本是智能建筑项目管理中一个重要的考虑因素。项目管理需要在规划阶段确保明确的预算，并在整个项目周期中进行成本控制。通过采用有效的成本管理方法，项目管理可以确保项目在预算范围内完成，避免额外的费用和资源浪费。

（四）时间管理与交付周期

1. 时间管理对项目交付的影响

项目管理需要合理制定项目计划，确保项目在规定的时间内完成。通过有效的时间管理，项目管理可以避免项目延期，提高项目的可交付性。及时的交付也对业主和用户的满意度有积极的影响，能够使其尽早享受到智能建筑系统的好处。

2. 交付周期对市场竞争力的影响

智能建筑市场变化迅速，项目管理需要确保项目能够及时地交付。通过缩短交付周期，项目管理可以更快地响应市场需求，提高项目的竞争力。及时交付也意味着业主能够更早地收回投资，为未来的项目提供资金支持。

（五）利益相关方的满意度与沟通管理

1. 业主和用户满意度的重要性

业主和用户的满意度是智能建筑项目成功的重要标志。项目管理需要通过有效的沟通管理，与业主和用户保持紧密联系，及时了解他们的需求和反馈。通过确保业主和用户的满意度，项目管理可以确保项目取得长期成功。

2. 沟通管理对团队协作的影响

项目管理需要建立良好的沟通渠道，确保团队成员之间能够有效协作。通过促进信息的共享和沟通，项目管理可以提高团队的协同效率，防止信息的不同步和项目中可能产生的误解。良好的沟通管理有助于团队成员更好地理解项目目标、任务分配和进度情况，提高工作效率。

3. 利益相关方的积极参与

项目管理需要积极引导和管理各个利益相关方的参与。通过与利益相关方建立稳固的合作关系，项目管理可以更好地理解他们的需求和期望，及时调整项目计划，避免潜在的冲突，保障整体项目方向与各方利益相协调。

4. 风险沟通与解决

在项目管理中，风险是不可避免的，但通过有效的风险沟通，项目管理可以提前识别和解决问题。及时沟通项目中的潜在风险，明确解决方案，并与团队成员共享风险管理策略，有助于减轻风险的负面影响，确保项目顺利推进。

（六）技术创新与项目成功

1. 技术创新对项目竞争力的提升

智能建筑项目管理需要密切关注新兴技术的发展，以确保项目具有创新性和前瞻性。通过引入新的技术，项目管理可以提高项目的竞争力，满足市场对先进智能建筑解决方案的需求。

2. 创新管理与团队激励

项目管理需要鼓励团队成员提出创新性的想法和解决方案。通过建立创新管理机制，项目管理可以激励团队成员参与技术创新，提高项目的技术水平和研发能力。合理的团队激励措施也有助于减轻团队成员的工作压力，提高团队凝聚力。

（七）用户体验与社会影响

1. 用户体验管理的关键性

智能建筑项目成功与否与用户体验密切相关。项目管理需要确保智能建筑系统的设计和实施能够最大程度地提升用户体验。通过强调用户参与、需求收集、界面设计等方面的管理，项目管理可以有效提高智能建筑系统的用户友好性，增强用户的满意度。

2. 社会影响与可持续发展

智能建筑项目管理需要在项目中充分考虑社会影响和可持续发展。通过引入可持续设计、绿色建筑概念，项目管理可以降低项目对环境的负面影响，提高社会的可持续性。项目管理需要负责任地对待社会责任，确保项目对社区、城市和环境的影响是积极的。

综合来看，智能建筑项目管理在项目成功中发挥着至关重要的作用。通过明确的项目规划、有效的设计与技术集成、高质量的建造与施工管理、持续的监控与维护，项目管理可以确保智能建筑系统的稳定运行。敏捷项目管理方法和瀑布项目管理方法在不同情境下的应用，以及风险管理、成本控制、时间管理等各方面的有效实施，都直接关系到项目的成功与否。

此外，项目管理还需要关注用户体验管理、社会影响与可持续发展等方面。通过与业主和用户的紧密合作，及时的沟通和反馈机制，项目管理可以更好地满足他们的期望，提高项目的整体满意度。而在社会层面，项目管理需要关注可持续发展，注重项目的社会责任，确保项目对社区和环境的影响是积极的、可持续的。

未来，随着智能建筑技术的不断创新，项目管理将面临更多挑战和机遇。对于项目管理者来说，持续学习和适应新的技术和方法是至关重要的。通过不断改进和优化项目管理流程与方法，智能建筑项目管理将更好地推动智能建筑行业的可持续发展，实现更多项目的成功。

第二节　项目管理软件在智能建筑中的应用

一、项目管理软件种类与功能

项目管理软件在现代企业中已成为不可或缺的工具，它能够帮助团队规划、执行和监控项目，提高工作效率，减少错误和延误。不同类型的项目需要不同类型的工具，因此市场上有多种项目管理软件可供选择。本章节将深入探讨项目管理软件的主要种类及其功能。

（一）项目管理软件的主要种类

1. 传统项目管理软件

传统项目管理软件通常基于计划、执行、监控和收尾（PEMC）的项目生命周期阶段，以及基于工作分解结构（WBS）的任务分配。这类软件主要用于大型工程项目，对于复杂的任务和资源管理较为强大。代表性的软件包括 Microsoft Project、Primavera P6 等。

2. 敏捷项目管理软件

针对敏捷开发方法的项目管理软件强调迭代开发、用户故事、团队协作和反馈。它们通常提供看板、迭代计划、用户故事映射等功能，适用于需求经常变化和灵活性较高的项目。代表性的软件包括 Jira、Trello、VersionOne 等。

3. 协同项目管理软件

协同项目管理软件侧重于团队协作、文件共享和实时通信。这类软件通常具有在线文档编辑、聊天、任务分配等功能，适用于需要实时协作的项目。代表性的软件包括 Asana、Slack、Microsoft Teams 等。

4. 开源项目管理软件

开源项目管理软件是指可以自由获取和修改源代码的软件。它们通常由开发者社区维护和改进，适用于对软件进行自定义和修改的用户。代表性的软件包括 Redmine、Taiga、OpenProject 等。

5. 云端项目管理软件

云端项目管理软件是一种基于云计算技术的解决方案，用户可以通过互联网进行访问。这种软件通常具有灵活性、可扩展性和无须安装的优点，适用于需要跨地域合作的团队。代表性的软件包括 Monday.com、Wrike、Smartsheet 等。

6. 专业领域项目管理软件

针对特定行业或领域的需求，一些软件提供专业领域的项目管理解决方案。例如，建筑行业可能需要专门的建筑项目管理软件，医疗行业可能需要医疗信息系统（HIS）等。这类软件通常深度整合了特定行业的流程和规范。

（二）项目管理软件的主要功能

1. 项目计划与进度管理

任务分解：将项目分解为可管理的任务和子任务。

甘特图：制定和查看项目的甘特图，清晰地展示任务和时间关系。

里程碑：设定项目的关键节点，便于项目进度的监控。

2. 资源管理

人员分配：将任务分配给团队成员，并追踪每个人的工作负荷。

资源计划：规划和管理项目所需的物质资源，确保资源的有效利用。

3. 任务和问题追踪

任务列表：记录和追踪项目中的所有任务，包括进度和责任人。

问题跟踪：跟踪管理项目中出现的问题，记录问题的来源、解决进展等。

4. 团队协作与沟通

即时通信：提供实时聊天和消息功能，促进团队之间的即时沟通。

协作工具：提供在线文档编辑、文件共享和评论功能，方便团队成员协作。

5. 风险管理

风险识别：帮助团队识别项目中可能发生的风险。

风险评估：评估风险的概率和影响，确定应对策略。

6. 报告和分析

项目报告：生成各类报告，包括进度报告、资源使用报告等。

数据分析：提供数据分析工具，帮助团队了解项目的整体状况。

7. 集成与扩展性

第三方集成：与其他工具（如邮箱、日历、版本控制系统等）实现无缝集成。

扩展性：具有灵活的架构和插件系统，支持综合需求扩展功能。

8. 敏捷开发支持

看板：提供看板式任务管理，方便敏捷项目团队进行可视化管理。

迭代规划：支持迭代计划和用户故事映射等敏捷开发方法。

9. 权限管理与安全性

权限设置：灵活的权限设置，确保团队成员仅能访问其需要的信息。

安全性：采用安全协议和数据加密，保障项目信息的机密性和完整性。

10. 移动端支持

移动应用：提供移动端应用程序，使团队成员能够随时随地访问项目信息。

响应式设计：具备响应式设计，适应不同设备的屏幕尺寸，提供良好的用户体验。

11. 项目文档管理

文档库：提供集中管理项目文档的文档库，确保团队成员可以方便地访问和共享文件。

版本控制：支持版本控制，追踪文档的修改历史，保障文档的一致性。

12. 用户培训与支持

培训资源：提供用户培训资源，包括文档、视频教程等，以帮助用户更好地使用软件。

技术支持：提供及时的技术支持，解决用户在使用软件过程中遇到的问题。

13. 用户界面友好性

直观设计：采用直观的用户界面设计，降低用户的学习成本，提高使用效率。

个性化设置：允许用户进行个性化设置，根据团队和个人需求调整界面和功能。

14. 项目历史记录与审计

操作日志：记录用户的操作日志，保留项目历史记录，方便审计和追溯。

审计功能：提供审计功能，确保项目信息的合规性和透明度。

15. 费用与预算管理

费用追踪：记录和追踪项与目相关的费用，确保项目在预算范围内运行。

预算规划：支持制定项目预算和对预算进行实时监控。

综上所述，项目管理软件的功能丰富多样，不同类型的软件适用于不同的项目需求和团队特点。选择合适的项目管理软件应基于项目规模、类型、团队习惯以及对特定功能的需求。在实际应用中，灵活运用这些功能，依据项目管理的最佳实践，将有助于提高项目的效率、降低风险，并推动项目向成功的方向发展。

二、软件在项目进度与成本管理中的优势

（一）概述

在现代项目管理中，软件在项目进度与成本管理中发挥着重要的作用。随着科技的不断发展，项目管理软件应运而生，为项目团队提供了更高效、精准的进度和成本管理工具。本文将从三个方面详细探讨软件在项目进度与成本管理中的优势。

（二）软件在项目进度管理中的优势

1. 实时监控与反馈

传统的项目进度管理往往依赖于手工记录和定期报告，这样的方式容易出现信息滞后，导致团队对项目实际进展的了解不够及时。而项目管理软件能够提供实时监控与反馈功能，通过直观的图表和报表展示项目的进度情况，团队成员可以随时随地获取最新的项目进展信息。这有助于项目经理及时发现问题、做出调整，提高项目的响应速度和决策效率。

2. 任务分配与追踪

软件通过任务分配与追踪功能，可以帮助团队成员清晰了解各自的责任与任务。项目经理可以通过软件指派任务、设定截止日期，并实时跟踪任务的完成情况。这种精细的任务管理有助于提高团队协作效率，避免任务交叉和漏项，从而确保项目按计划推进。

3. 资源优化

项目进度管理涉及资源的调配和利用，而软件可以通过数据分析和算法，帮助项目经理更加智能地进行资源规划。软件可以根据项目需求和团队成员的技能、工作负荷等因素，优化资源分配，确保项目在有限资源下能够达到最优的进度效果。这种精细的资源优化有助于降低项目成本，提高资源利用率。

（三）软件在项目成本管理中的优势

1. 预算制定与控制

项目成本管理的首要任务之一是进行预算制定与控制。传统的预算制定通常依赖于经验和手工计算，容易受到主管层的主观因素影响，导致预算的不准确，而项目管理软件通过历史数据、成本模型等信息，能够更科学地进行预算制定，提高预测的准确性。在项目执行过程中，软件可以实时追踪实际花费情况，及时发现超支情况，帮

助项目经理及时采取措施进行成本控制。

2. 费用管理与报销

软件在项目成本管理中还能够提供费用管理与报销的功能。团队成员可以通过软件记录和提交项目相关的费用，系统能够自动进行费用审核和核算，减少了烦琐的手工操作，提高了费用管理的效率。另外，软件还可以生成详细的费用报告，帮助项目经理全面了解项目的成本结构，为决策提供数据支持。

3. 风险管理

在项目成本管理中，风险是一个不可忽视的因素。软件通过风险管理模块，可以帮助项目经理识别、评估和应对潜在的成本风险。软件能够对项目中的风险进行分类、分级，并为每个风险制定相应的预防和应对措施。这有助于项目经理更好地掌控项目的成本风险，降低项目的不确定性。

综上所述，软件在项目进度与成本管理中的优势主要体现在实时监控与反馈、任务分配与追踪、资源优化、预算制定与控制、费用管理与报销、风险管理等方面。通过引入先进的项目管理软件，团队能够更加高效地进行项目计划、监控和成本控制，提高项目的成功率和经济效益。随着科技的不断进步，相信项目管理软件将在未来继续发挥更加重要的作用，成为项目管理不可或缺的利器。

三、项目管理软件的选择与实际应用

（一）概述

随着信息技术的飞速发展，项目管理软件在各个行业中的应用日益广泛。选择适合的项目管理软件对于项目团队的工作效率和项目成功至关重要。本文将从项目管理软件选择的标准和实际应用两个方面，深入探讨项目管理软件在现代项目管理中的角色。

（二）项目管理软件选择的标准

1. 适应性与灵活性

在选择项目管理软件时，首要考虑的是软件的适应性和灵活性。不同项目有不同的需求，软件应具备足够的适应性，能够根据项目的规模、性质和特点进行定制。灵活性则体现在软件的可扩展性和易定制性上，以便综合项目的实际情况进行调整。

2. 用户友好性

项目管理软件的用户友好性是影响选择的重要因素。一个直观、易操作的界面能够减少团队成员的学习成本，提高他们的使用体验，软件的导航、任务分配和报告生成等功能应该设计得简单明了，以便用户能够迅速上手并高效地使用软件。

3. 实时协作与沟通

团队协作和沟通是项目成功的关键。因此，项目管理软件应具备强大的实时协作和沟通功能。这包括团队成员之间的即时通信、文件共享、讨论区等功能，以便团队能够迅速响应变化、分享信息，提高团队协同效率。

4. 报告与分析功能

项目管理软件应具备强大的报告和分析功能，能够生成直观、全面的项目报告。这样的功能有助于项目经理更好地了解项目的进度、成本和风险情况，支持决策制定。同时，软件还应提供数据可视化的工具，以便团队进行数据分析和预测。

5. 安全性和数据保护

在项目管理中，涉及大量的敏感信息和数据，因此软件的安全性和数据保护至关重要。选择软件时，要确保其具备严密的数据加密、权限管理和备份恢复机制，以保障项目信息的安全性和完整性。

6. 成本与 ROI

软件的成本是选择的一个重要考虑因素，但不能仅仅以初期成本作为唯一标准，需要综合考虑软件的功能、性能、支持服务等方面，并对软件的长期投资回报（ROI）进行评估。选择适合项目需求且具有合理投资回报的软件，可以更好地满足项目管理的实际需求。

（三）实际应用

1.Microsoft Project

Microsoft Project 是一款广泛应用于项目管理领域的软件。它具备强大的任务和资源管理功能，支持 Gantt 图、里程碑、资源分配等项目管理的基本工具。Microsoft Project 也与其他 Microsoft Office 应用集成，方便团队协作与文件共享。但是，由于其较为复杂的功能和学习曲线，可能对初学者不太友好。

2.Trello

Trello 是一款轻量级的项目管理软件，以卡片式看板的形式展示任务，适用于小型团队和敏捷开发项目。其简洁直观的界面和易用性为用户提供了快速上手的体验。然而，对于大型项目或需要复杂功能的项目来说，Trello 的灵活性和功能可能相对较为有限。

3.Jira

Jira 是 Atlassian 公司推出的一款专注于敏捷开发和问题跟踪的软件。它提供了强大的工作流程管理、问题追踪和报告功能，适用于中大型项目和敏捷团队。然而，Jira 在易用性方面可能相对较为复杂，需要一些时间的学习和适应。

4.Asana

Asana 是一款注重团队协作的项目管理软件，提供了任务追踪、文件共享和实时通信等功能。其直观的界面和简单的操作使得团队能够快速协作，适用于中小型项目。然而，对于一些复杂项目而言，Asana 的功能可能相对较为基础。

5.Slack

虽然 Slack 主要是一款团队通信工具，但其强大的集成能力和应用生态系统使得它在项目管理中发挥了重要作用。通过整合其他项目管理软件、文件共享工具等，Slack 能够成为团队协作和信息共享的中枢，提高团队协同效率。

6. 实际选择与混合应用

在实际项目管理中，通常会根据项目的性质和需求选择合适的软件，甚至采用混合应用的方式。例如，可以使用 Microsoft Project 进行项目计划和进度管理，同时使用 Slack 进行团队沟通和文件共享。这种混合应用的方式有助于充分发挥各个软件的优势，提高整体的项目管理效率。

（1）整合与协同

在实际应用中，一个项目管理软件是否能够与其他工具、系统进行有效的整合，成为选择的一个重要考虑因素。现代项目管理往往需要与版本控制工具、代码仓库、文档管理系统等进行无缝衔接。例如，Jira 可以与 Confluence（一个 Atlassian 的团队协作工具）无缝集成，从而实现项目管理和文档协作的一体化。

（2）云端服务与移动应用

随着云计算的兴起，越来越多的项目管理软件提供云端服务，使得团队成员可以随时随地通过互联网访问项目信息。这种云端服务的模式有助于提升团队的灵活性和协同效率。同时，许多项目管理软件也提供移动应用，使得团队成员能够在移动设备上随时查看和更新项目信息，进一步提高了工作的便捷性。

（3）客户支持与培训

一个好的项目管理软件应该提供高质量的客户支持服务和培训资源。在使用过程中，团队可能会遇到问题或需要进一步了解软件的功能，这时候及时的技术支持和培训就显得特别重要。考察软件供应商的客户支持政策、在线文档和培训课程，有助于团队更好地利用项目管理软件。

（4）安全与隐私保护

随着信息安全意识的提高，软件的安全性和隐私保护也成为选择的关键考虑因素。项目管理软件应该具备严格的数据加密、访问控制和身份验证机制，以确保项目信息不被未经授权的访问或泄露。在选择软件时，团队需要仔细了解软件供应商的安全性措施和隐私政策。

（5）反馈与改进机制

一个好的项目管理软件应该具备不断改进的能力。供应商应该能够根据用户的反馈和需求进行软件的更新和升级。了解软件供应商的反馈机制和改进历史，可以帮助团队评估软件未来的可维护性和升级性。

（6）用户培训和接受度

在选择项目管理软件时，团队成员的培训和接受度也是重要的考虑因素之一。一个好的软件应该提供足够的培训资源，帮助团队成员快速熟悉软件的使用。此外，软件的用户界面设计、工作流程等方面也需要符合用户的习惯和操作习惯，以提高软件的接受度。

（7）系统可扩展性

项目管理软件应该具备一定的可扩展性，能够适应团队和项目的发展。例如，如果团队的规模增加或项目的复杂性提高，软件是否能够方便地进行扩展和升级，以满足新的需求，是一个需要考虑的因素。

（8）社区和用户口碑

了解软件的社区和用户口碑也是选择的重要依据。通过查阅用户评价、论坛讨论和社交媒体等渠道，可以获取其他用户的使用体验和反馈，一个受欢迎且口碑良好的项目管理软件通常意味着它在实际应用中的可靠性和效果。

（9）法规和合规性

项目管理软件在实际应用中还需要考虑法规和合规性的问题，特别是在一些行业，如医疗、金融等，可能涉及严格的合规要求。软件供应商应当能够提供符合相关法规和合规性标准的解决方案，以确保项目的合法性和安全性。

选择合适的项目管理软件是项目成功的重要保障之一。在选择软件时，团队需要综合考虑软件的适应性与灵活性、用户友好性、实时协作与沟通、报告与分析功能、安全性与数据保护、成本与 ROI 等多个方面的因素。同时，在实际应用中，团队可以根据项目的性质和需求，灵活选择合适的软件或进行混合应用，以充分发挥各个软件的优势。在软件的实际使用过程中，团队需要关注整合与协同、云端服务与移动应用、客户支持与培训、安全与隐私保护等方面，以确保软件能够真正满足项目管理的实际需求。通过精心选择和科学应用项目管理软件，团队将能够提高工作效率、降低风险，更好地实现项目目标。

第三节 智能建筑项目的进度与成本管理

一、智能建筑项目进度管理的方法

（一）概述

随着科技的不断进步，智能建筑项目在建筑行业中得到了广泛的应用。智能建筑项目的复杂性和技术要求使得项目进度管理变得更加关键。本文将探讨关于智能建筑项目进度管理的方法，涵盖了计划制定、技术工具应用、团队协作等方面，以期为项目管理者提供更科学、高效的管理手段。

（二）智能建筑项目进度管理的方法

1. 计划制定

智能建筑项目的成功离不开有效的计划制定。在项目启动阶段，项目管理团队应制定详细、合理的项目计划。以下是一些在智能建筑项目中常用的计划制定方法：

（1）里程碑计划法

里程碑计划法是一种将整个项目划分为一系列关键事件或里程碑的方法。在智能建筑项目中，可以将项目分为不同的阶段，每个阶段设立关键的里程碑，方便在实施过程中更好地进行进度监控和控制。

（2）关键路径法（CPM）

关键路径法是一种通过确定项目中的关键路径来规划和控制项目进度的方法。在智能建筑项目中，通过分析各项任务的依赖关系和时间耗时，明确关键路径，以确保项目能够按时完成。

（3）时间—成本分析

时间—成本分析是一种在进度计划中考虑成本因素的方法。在智能建筑项目中，由于技术更新迅速，可能存在时间与成本的权衡关系，通过时间—成本分析，项目管理团队可以在保证进度的前提下，最大限度地控制成本。

2. 技术工具应用

在智能建筑项目中，各种先进的技术工具对于进度管理至关重要。以下是一些常用的技术工具及其应用方法：

（1）建筑信息模型（BIM）

BIM 是一种集成的、数字化的建筑设计和管理工具。在智能建筑项目中，BIM 不仅可以帮助设计团队进行协同设计，还可以在建筑施工和运营阶段提供实时数据。通过 BIM，项目管理团队能够更好地监控项目进度，识别潜在的冲突和问题，并及时做出调整。

（2）项目管理软件

项目管理软件如 Microsoft Project、Primavera 等，能够提供直观的项目进度图、资源分配图等功能，帮助项目管理团队更好地规划和监控项目进度。这些软件还常常支持团队协作和实时通信，促进信息的及时传递。

（3）物联网（IoT）技术

物联网技术在智能建筑项目中的应用非常广泛。通过利用在建筑中部署传感器、智能设备，可以实时监测建筑施工过程中的各项数据，如温度、湿度、材料消耗等。这些数据可以用于实时调整施工计划，提高施工效率。

3. 团队协作与沟通

团队协作和沟通是智能建筑项目进度管理中的重要环节。有效的协作和沟通能够提高团队的整体协同效率，确保信息流畅传递，减少沟通误差。

（1）项目管理平台

利用专业的项目管理平台，团队成员可以在一个统一的平台上进行任务分配、进度更新、文件共享等工作。这有助于集中管理项目信息，减少信息碎片化，提高团队的工作效率。

（2）定期会议

定期召开项目进度会议是确保团队成员之间保持良好沟通的重要手段。通过会议，团队成员可以分享进展、提出问题、协商解决方案，保持团队的共识和凝聚力。

（3）即时通信工具

使用即时通信工具如 Slack、Teams 等，能够便于团队成员之间的实时交流。在项目进度紧张的情况下，即时通信工具能够帮助团队成员快速响应，解决问题，确保项目按时推进。

智能建筑项目的进度管理面临着越来越复杂的挑战，但同时也有更多的先进技术和方法可供选择。通过合理的计划制定、科学的技术工具应用以及高效的团队协作与沟通，项目管理团队能够更好地应对挑战，提高智能建筑项目的管理水平。未来，随着技术的不断创新，智能建筑项目进度管理的方法将会不断演进，为建筑行业的可持续发展提供更多的支持。

二、成本控制与财务分析的智能工具

在当今快速发展的商业环境中，企业面临着不断增长的竞争压力和日益复杂的财务挑战。成本控制和财务分析是企业成功的关键因素之一，而智能工具的广泛应用为企业提供了更有效的手段来应对这些挑战。本文将探讨成本控制和财务分析中智能工具的应用，分析其优势和潜在影响。

（一）智能工具在成本控制中的应用

1. 自动化数据收集与分析

智能工具能够自动收集、整理和分析大量数据，从而提高成本控制的效率。通过使用数据挖掘和机器学习算法，这些工具可以识别成本波动的模式，并提供实时反馈，使企业能够更快速地做出决策。例如，智能工具可以自动监测原材料价格的波动，提前预警并采取相应措施，降低成本波动对企业的冲击。

2. 预测性分析

智能工具通过分析历史数据和趋势，能够进行更准确的成本预测。这使企业能够提前规划和调整预算，降低不确定性。例如，通过智能工具的帮助，企业可以更精确地预测生产成本，并采取相应措施以提高生产效率，从而降低整体成本。

3. 实时监控与反馈

智能工具可以实时监控企业的各个方面，包括生产线、库存、销售等，通过即时反馈帮助企业管理成本。例如，根据实时监控销售数据，企业可以调整生产计划，避免过剩库存，减少滞销产品的成本。

（二）智能工具在财务分析中的应用

1. 数据可视化与报告生成

智能工具能够将庞大的财务数据转化为直观的图表和报告，帮助财务分析师更好地理解和解释数据。这样的数据可视化不仅提升了分析的效率，也使得决策者更容易理解复杂的财务信息。例如，通过智能工具生成的财务报表可以直观地展示企业的盈利状况、资产负债表和现金流量表。

2. 风险管理

智能工具可以通过分析市场趋势、经济变化等因素，提供更全面的风险管理策略。通过预测性建模，这些工具可以帮助企业识别潜在的财务风险，并提出相应的对策。例如，智能工具可以分析货币汇率波动的可能影响，帮助企业更好地制定汇率风险管理策略。

3. 自动化财务规划与预算

智能工具可以在财务规划和预算方面发挥关键作用。通过自动化的预算工具，企业能够更快速、准确地制定和调整预算。这有助于财务团队更好地与业务部门协作，确保预算与实际绩效相匹配。例如，智能工具可以基于历史数据和业务预期，自动生成合理的预算方案，减轻财务人员的负担。

（三）智能工具的优势与潜在影响

1. 提高效率与准确性

智能工具的自动化特性能够显著提高成本控制和财务分析的效率，减少人工错误的可能性。通过更快速、精准地分析和处理数据，企业能够更迅速地做出决策，适应市场变化。

2. 提供更全面的数据分析

智能工具能够处理大量的复杂数据，提供更全面的数据分析。这有助于企业更好地理解其财务状况、市场趋势和潜在风险，为战略决策提供更可靠的支持。

3. 需要考虑的潜在风险

尽管智能工具在成本控制和财务分析中带来了许多优势，但企业也需要注意潜在的风险。首先，智能工具的使用可能导致过度依赖技术，降低人的判断和决策能力。其次，随着技术的不断发展，企业需要不断更新和升级智能工具，这可能带来额外的成本和管理挑战。

综上所述，智能工具在成本控制与财务分析中的应用为企业带来了巨大的优势。自动化的数据处理、预测性分析和实时监控为企业提供了更灵活、高效的财务管理手段。

第四节　智能建筑项目团队的管理与协作

一、团队构建与人才管理

在当今竞争激烈、变化迅速的商业环境中，团队构建和人才管理成为企业成功的重要组成部分。有效的团队构建和人才管理能够促进协同创新、提高绩效，并确保企业具备适应性和竞争力。本文将深入探讨团队构建与人才管理的关键要素和挑战，以及相应的应对策略。

（一）团队构建的关键要素

明确目标和愿景：团队构建的第一步是确立明确的目标和愿景。明确定义的目标有助于团队成员理解共同的方向，并激发团队的协作精神。

多元化团队：多元化的团队成员拥有不同的技能、经验和思维方式，有助于提升团队的创新能力。建立包容性文化，鼓励团队成员分享和尊重不同的观点。

清晰的角色和责任：每个团队成员都应该了解自己的角色和责任，以确保任务的分工清晰。明确的角色有助于提高效率，避免任务重复和混淆。

建立有效的沟通机制：沟通是团队协作的基础。建立开放、透明的沟通机制，促进信息的共享和团队成员之间的有效沟通，有助于减少误解和提高工作效率。

培养团队文化：团队文化是团队构建的核心。创建积极向上、奋发向前的团队文化，能够激发团队成员的工作热情，增强团队的凝聚力。

（二）人才管理的关键要素

招聘与选拔：有效的人才管理始于招聘和选拔。制定清晰的招聘标准，注重候选人的文化适应性和团队协作能力，确保招聘符合团队目标。

绩效管理：制定明确的绩效评估体系，帮助团队成员了解期望和目标。通过定期的绩效评估，识别和奖励高绩效成员，同时提供改进的机会。

培训和发展：为团队成员提供持续的培训和发展机会，以提升其专业技能和领导力。这有助于团队更好地适应不断变化的业务环境。

激励与激励机制：制定激励机制，包括薪酬、福利和职业晋升机会，以激励团队成员发挥更大的潜力。个性化的激励方式有助于满足不同团队成员的需求。

团队建设活动：定期组织团队建设活动，促进团队成员之间的关系，提高协作和信任度，这有助于打破团队中的壁垒，创造更加融洽的工作氛围。

（三）团队构建与人才管理的挑战

文化差异：全球化的商业环境中，团队可能由来自不同文化背景的成员组成，这可能导致沟通和理解的困难。

应对策略：建立跨文化团队培训，提高团队成员的文化敏感性和跨文化协作能力。鼓励开放的沟通，增进相互理解。

人才流失：高度竞争的市场环境中，人才流失是一个常见的挑战。失去关键人才可能对团队产生负面影响。

应对策略：制定有效的员工保留计划，包括提供具有竞争力的薪酬、晋升机会和培训发展。定期进行员工满意度调查，及时了解员工的需求和反馈。

团队冲突：不同意见和观点可能引发团队内部的冲突，降低工作效率和团队凝聚力。

应对策略：实施有效的冲突解决机制，鼓励开放和尊重的沟通，帮助团队成员更好地理解和接受不同的观点。领导者要起到调解和引导的作用。

技能缺口：随着技术的快速发展，团队可能面临技能缺口的挑战，特别是在新兴领域。

应对策略：制定持续的技能培训计划，确保团队成员跟上行业和技术的发展。建立与高校、培训机构等的合作关系，吸引新鲜人才并确保现有团队的不断学习。

灵活性和适应性：业务环境的不确定性和快速变化可能导致团队面临灵活性和适应性的挑战。

应对策略：创建灵活的工作制度，支持远程办公和弹性工作时间。同时，推动团队文化中的创新和适应性，使团队能够快速调整和适应变化。

（四）团队构建与人才管理的应对策略：

建立领导力和沟通培训：提供领导力和沟通培训，使团队领导者具备更好的团队管理技能。领导者要具备引导团队、解决冲突和激发团队潜力的能力。

定期进行团队评估：定期进行团队评估，了解团队成员的满意度、团队协作情况和潜在问题。根据评估结果调整管理策略，及时解决问题。

提供发展机会：为团队成员提供持续的职业发展机会，包括培训、参与项目、提供挑战性任务等。这有助于激发团队成员的积极性和投入度。

制定灵活的激励机制：制定激励机制时要考虑个性化和灵活性，以满足不同团队成员的需求。这包括薪酬、福利、晋升机会等方面的激励。

推动团队文化：建立积极的团队文化，注重协作、创新和共享，领导者要成为文化的引领者，通过榜样效应影响整个团队。

建立有效的反馈机制：提供及时、具体的反馈，帮助团队成员了解自己的表现，并提供改进的机会。鼓励开放的双向反馈，促进团队的学习和成长。

定期组织团队建设活动：定期组织团队建设活动，包括培训、团队旅行、工作坊等。这有助于改善团队协作，加强团队凝聚力。

团队构建和人才管理是企业成功的关键因素，尤其在当今变幻莫测的商业环境中更显重要。通过明确的目标、多元化团队、清晰的沟通机制，以及激励和培训机会的提供，可以建立高效协作的团队。

挑战虽然存在，但通过建立有效的领导力、采用灵活的激励机制、提供发展机会、推动团队文化等策略，可以有效应对。同时，定期的团队评估和建设活动有助于发现问题、解决冲突，促使团队不断优化和进步。

最终，企业要意识到人才是最宝贵的资产，团队的成功与否直接关系到企业的竞争力和创新力。通过精心管理团队，培养和留住优秀人才，企业将更有可能在激烈的市场竞争中脱颖而出，取得可持续的成功。

二、沟通与协作工具在项目中的应用

在当今复杂、快节奏的商业环境中，项目管理变得愈加关键。沟通与协作是项目成功的关键因素之一。随着科技的不断发展，沟通与协作工具逐渐成为提高团队效率、降低沟通成本的重要手段。本文将深入探讨沟通与协作工具可以在项目中的应用，包括其优势、挑战以及如何最大限度地发挥其作用。

（一）沟通与协作工具的种类

即时通信工具：包括 Slack、Microsoft Teams、企业微信等，能够实现实时的文字、语音和视频沟通。这种工具提供了团队快速交流的平台，有助于即时决策和问题解决。

项目管理软件：例如 Trello、Asana、Jira 等，这些工具帮助团队规划、追踪和管理项目。它们通常包括任务分配、进度追踪、文档管理等功能，提高了团队的组织和协作效率。

在线文档协作工具：例如 Google Docs、Microsoft 365 等，允许多人同时编辑和评论文档。这样的工具促进了实时协作，减少了版本管理的问题。

视频会议工具：Zoom、Microsoft Teams、WebEx 等，提供虚拟面对面的会议体验。这对于分布在不同地理位置的团队成员之间的协作至关重要。

电子邮件和消息应用：电子邮件、企业邮件、短信等，依然是重要的正式和非正式沟通工具。它们提供了一种长期存档的通信方式，适用于更详细和正式的交流。

（二）沟通与协作工具的优势

实时性与远程协作：即时通信和视频会议工具使得团队成员无论身在何处，都能够实现实时协作。这对于分布式团队、远程办公或跨时区合作尤为重要。

文档协作与版本控制：在线文档协作工具允许多人共同编辑文档，减少了文件传递和版本管理的麻烦，这有助于确保团队始终使用最新的信息。

任务管理与进度追踪：项目管理软件提供了直观的任务看板、图表和进度追踪工具，帮助团队更好地了解项目的状态和成员的贡献。

跨平台性：大多数沟通与协作工具都具有跨平台性，支持在不同设备和操作系统上的使用，使得团队成员能够随时随地方便地参与协作。

数据安全与备份：在云端进行沟通与协作，通常伴随着强大的数据安全措施和自动备份。这保障了团队关键信息的安全性和可靠性。

（三）沟通与协作工具的挑战

信息过载：过多的通信和协作工具可能导致信息过载，使得团队难以从大量信息中筛选出真正重要的内容。

应对策略：制定清晰的沟通准则，避免无效的信息冗余。选择集成度高的工具，减少切换和学习成本。

使用教育和培训：团队成员可能因为不了解或不熟悉工具的使用而陷入困境，影响工作效率。

应对策略：提供定期的培训和教育，确保团队成员熟练掌握工具的使用方法。建立团队内部的知识分享机制。

安全与隐私问题：在线协作涉及敏感信息，安全性和隐私问题是一个长期的挑战。

应对策略：选择可信赖的供应商和工具，确保其符合数据安全和隐私法规，建立明确的权限管理机制，限制敏感信息的访问。

沟通失误：虽然工具提供了丰富的沟通方式，但误解和沟通失误仍可能发生。

应对策略：强调团队文化的重要性，提倡开放和诚实的沟通氛围。鼓励团队成员主动反馈，及时解决沟通问题。

工具集成问题：不同工具之间可能存在集成问题，导致信息孤岛和工作流程不畅。

应对策略：选择支持 API 集成的工具，确保团队能够方便地在不同工具之间进行信息流畅的切换。

（四）最佳实践与应用策略

明确的沟通准则：确保团队成员与新技术的接轨。与外部培训机构建立战略合作，获取最新的培训资源。此外，可通过内部的知识分享和团队合作项目，促进团队成员之间的技术共享和学习。

（五）沟通与协作工具的应用

即时通信工具：诸如 Slack、Microsoft Teams 等即时通信工具在项目中发挥着关键作用。团队成员可以通过这些工具进行实时沟通，分享信息，解决问题，促进协作。

项目管理工具：项目管理工具如 Trello、Jira 等可以帮助团队规划、跟踪和执行项目任务。通过这些工具，团队成员可以清晰地了解项目进度、任务分配和完成情况。

在线协作文档：Google Docs、Microsoft Office Online 等在线协作文档工具允许多个团队成员同时编辑文档。这种实时协作提高了文档的质量，同时也降低了版本管理的复杂性。

视频会议工具：Zoom、Microsoft Teams、WebEx 等视频会议工具使远程团队能够进行高效的远程会议。视频会议提供了更为直观和沟通更为丰富的方式，有助于减少沟通障碍。

社交媒体和内部社交平台：利用企业内部社交平台或专门的团队社交工具，如 Yammer、企业微信等，帮助团队成员更好地了解彼此，分享项目进展和经验。

（六）沟通与协作工具在项目中的优势

提高工作效率：使用沟通与协作工具能够加速信息传递和决策过程，减少不必要的等待时间，提高整体工作效率。

促进远程协作：在全球化的背景下，沟通与协作工具为远程团队提供了便利。通过这些工具，团队成员不受地理位置限制，能够高效地进行协作。

增强信息可视化：项目管理工具和在线协作文档提供了丰富的信息可视化手段，团队成员可以更直观地了解项目的进展和任务分配情况。

促进团队协同创新：沟通与协作工具为团队提供了更开放、灵活的沟通平台，促进了团队成员之间的创意和经验分享，从而激发协同创新。

提高透明度和可追溯性：沟通与协作工具使得项目的信息更加透明，任何团队成员都可以随时查看项目的状态和进度。这有助于提升项目的可追溯性，减少信息不对称。

（七）挑战与解决方案：

信息过载：使用过多的沟通与协作工具可能导致信息过载，使得团队成员难以从大量信息中筛选出关键信息。

解决方案：制定清晰的沟通准则，明确使用哪些工具用于何种目的。定期审查使用的工具，确保它们仍然符合团队的需求。

安全和隐私问题：在使用在线工具时，涉及项目敏感信息的安全和隐私问题。泄露信息可能导致重大风险。

解决方案：选择经过认证的、具有安全性保障的工具。创建严格的权限管理机制，确保只有授权人员能够访问敏感信息。

技术不稳定性：有些工具可能存在技术故障、服务器宕机等问题，影响团队的正常工作。

解决方案：在选择工具时，考虑其稳定性和可靠性。备份重要信息，确保即便发生故障，团队仍能迅速恢复工作。

培训和适应问题：引入新的沟通与协作工具可能需要团队成员花费一定的时间来适应和学习。

解决方案：提供详细的培训和支持，保证团队成员掌握工具的基本操作。可以在使用新工具之前进行小范围试点，逐步推广使用。

在现代项目管理中，沟通与协作工具已经成为推动团队协同工作的关键因素。通过合理选择和使用这些工具，团队能够更加高效地共同努力，提升工作效率，促进创新，并更好地适应快速变化的商业环境。然而，为了充分发挥这些工具的优势，团队需要认识到可能出现的挑战，并采取相应的解决方案，以确保沟通与协作工具在项目中的应用取得最大的成功。

三、智能建筑项目中团队动态管理的创新方法

智能建筑项目是在传统建筑基础上引入先进技术的复杂工程，需要团队成员具备跨学科的技术知识和协同工作的能力。团队的协同与创新能力直接影响项目的成功实施。在这一背景下，传统的团队管理方法已经不能满足项目的需要。本文将探讨在智能建筑项目中采用创新的团队动态管理方法，以提高团队协作、创新和项目绩效。

（一）挑战与机遇

技术复杂性：智能建筑项目通常涉及物联网、人工智能、大数据等多个领域的先进技术，团队成员需要具备高度的技术素养。

多学科团队：涉及建筑、信息技术、电气工程等多学科的交叉，需要团队成员具备不同领域的专业知识。

项目周期长：智能建筑项目的周期相对较长，需要长时间的持续协同工作，这可能导致团队疲劳和动力下降。

不断变化的技术：技术的快速发展可能导致项目中需要不断调整和适应新技术，这对团队的灵活性提出更了高要求。

这些挑战的背后也蕴含着机遇，通过创新的团队动态管理方法，可以更好地应对这些挑战，激发团队潜力，实现项目的高效推进。

（二）创新的团队动态管理方法

跨学科团队构建：采用创新的方法来构建跨学科的团队。除了招募拥有传统建筑领域经验的成员外，还应引入具备信息技术、数据科学等领域经验的人才。可采用专业社交网络、行业研讨会等途径寻找潜在团队成员，建立多样性的人才池。

团队协作平台的应用：利用现代的团队协作平台，如 Slack、Microsoft Teams 等，促进团队成员之间的实时沟通和信息共享。这有助于打破时间和地域的限制，提高团队的响应速度。

项目管理工具的整合：利用先进的项目管理工具，将任务分解、进度追踪、成本管理等功能整合在一起。通过使用智能化的项目管理工具，团队可以更全面、实时地了解项目状况，做出及时决策。

敏捷开发方法：引入敏捷开发方法，将项目分解成小而灵活的部分，以迭代的方式逐渐推进。这种方法有助于更好地应对技术变化，提高项目的适应性。

技术培训与知识分享：定期进行技术培训，使团队成员了解最新的技术趋势和工具。同时，建立内部的知识分享平台，鼓励团队成员分享项目经验和学习心得。

团队动力激励：设立激励机制，包括个人和团队层面的奖励，以激发团队成员的

工作热情。这可以是经济奖励、晋升机会，也可以是项目团队的集体活动和荣誉。

领导力的培养：发展具备跨学科领导力的团队领导者，能够有效地协调不同学科背景的团队成员，引导团队朝着共同目标前进。

（三）创新方法的优势

提高团队协作效率：采用协作平台和项目管理工具，可以实现信息的实时共享和团队成员之间的更紧密协作，提高项目执行效率。

增强团队灵活性：敏捷开发方法的引入使得团队更加灵活，能够快速响应变化。每个迭代周期结束后都能够根据反馈进行调整，适应项目需求的变化。

激发团队创新：通过知识分享和领导力的培养，团队成员将更加愿意分享新的想法和经验，促进创新的发生。多学科团队构建也有助于融合不同领域的创新思维。

降低团队压力：创新的团队动态管理方法能够通过激励机制和集体活动来缓解团队成员可能面临的压力，提高工作的乐趣和满足感。

增进团队凝聚力：通过创建积极向上的团队文化和进行团队建设活动，创新方法有助于增进团队成员之间的凝聚力。这种凝聚力是团队共同奋斗、共享成功和共度挑战的重要动力源泉。

提高项目绩效：创新的团队动态管理方法有助于提高项目的绩效。通过更好的团队协作、更高的工作满意度和更强的创新能力，项目往往能够更顺利地达到预期目标。

人才发展和留存：提供定期的技术培训和晋升机会，激发团队成员的学习动力，有助于人才的持续发展。同时，通过激励机制，增强团队成员对项目和企业的忠诚度，防止人才流失。

第五节　风险管理在智能建筑项目中的作用

一、风险评估与预测的智能工具

风险管理是项目和组织管理中至关重要的一环，对于确保项目顺利进行、减少潜在损失至关重要，在现代商业环境中，智能工具的崛起为风险评估与预测提供了更为高效和准确的手段。本文将深入探讨智能工具在风险评估与预测领域的应用，包括其优势、应用场景以及未来的发展趋势。

（一）智能工具在风险评估与预测中的应用

大数据分析：大数据技术能够处理和分析庞大的数据集，从而揭示隐藏在数据中的模式和趋势。在风险管理中，大数据分析可以用于识别潜在的风险因素，通过历史数据和实时数据进行趋势分析，为未来的风险做出预测。

机器学习：机器学习算法可以从大量的数据中学习，发现数据中的模式并做出预测。在风险评估中，机器学习可以应用于风险识别、分类和量化。通过训练模型，机器学习能够从复杂的数据中提取关键特征，提升风险预测的准确性。

自然语言处理（NLP）：NLP 技术可以分析和理解人类语言，从而帮助组织更好地理解与风险相关的信息。通过分析文本数据，NLP 可以挖掘潜在的风险信息，监测社交媒体、新闻和其他公共信息来源，帮助企业更早地感知到潜在的风险。

人工智能：人工智能技术可以模拟人类智能，包括问题解决、决策制定等能力。在风险评估中，人工智能可以通过模拟不同的决策情景，评估每种情景下的风险和可能产生的影响，为管理者提供更全面的决策支持。

智能风险管理系统：针对风险评估和预测的需求，开发了许多智能风险管理系统。这些系统整合了多种智能技术，包括数据分析、机器学习和模拟等，帮助企业更全面、实时地了解项目或业务中的风险。

（二）优势与应用场景

提高预测准确性：智能工具在风险评估中能够处理大量数据，并通过算法识别潜在的风险。相较于传统方法，智能工具具有更高的预测准确性，能够更全面地考虑多个因素对风险的影响。

实时监测与响应：大数据分析和机器学习技术使得风险监测变得更加实时和灵活。通过实时监测数据流，系统可以立即识别并响应新兴的风险，降低潜在的损失。

多因素综合分析：智能工具能够综合考虑多种因素，包括内外部环境、市场趋势、政策法规等。通过综合分析，可以更全面地了解风险的根本原因和相互关系。

降低人为错误：智能工具的应用减少了对人为主观判断的依赖，降低了因人为错误而导致的风险评估不准确的可能性，机器学习和数据分析在处理大量信息时不容易受到情感和主观因素的干扰。

应用场景广泛：智能工具在风险评估与预测中的应用场景非常广泛，包括但不限于项目管理、金融风险评估、供应链管理、企业战略规划等领域。

（三）挑战与应对策略

数据隐私与安全：大量的数据处理涉及隐私和安全的问题。智能工具在设计中需要强调数据隐私的保护，采用加密、权限控制等手段确保敏感信息不被滥用。

模型解释性：智能工具中的机器学习模型通常被认为是黑盒模型，难以解释其决策过程。这使得在风险评估中的决策可能缺乏透明性。为了应对这一挑战，可以采用可解释性强的机器学习算法，或者通过解释性的工具和技术来解释模型的决策过程。

不断变化的环境：商业环境、市场趋势以及法规政策都可能不断发生变化，这对风险评估提出了更高的要求。智能工具需要具备动态适应能力，能够及时更新模型和数据，以适应不断变化的环境。

技术水平不均：不同行业和组织在智能工具的应用水平上存在差异。一些组织可能缺乏足够的技术基础设施和人才，使得智能工具的应用变得有一定难度。对于这一挑战，可以采用逐步引入智能工具的方式，提供培训和支持，逐步提升组织的智能化水平。

模型过拟合：在机器学习中，过拟合是一种常见问题，即模型过于复杂，过度拟合训练数据，从而无法很好地泛化到新的数据。为了应对过拟合，需要在模型训练中采用合适的正则化手段，确保模型在保持准确性的同时能够更好地泛化到未知数据。

（四）未来发展趋势

深度学习的应用：随着计算能力的提升和数据集的不断增大，深度学习在风险评估中的应用将更加广泛。深度学习模型可以从更复杂的数据中学习，并且在处理非线性关系方面具有优势，有望提高风险预测的准确性。

区块链技术：区块链技术的去中心化和不可篡改性质使其成为一个理想的风险管理工具。通过区块链技术，可以实现数据的安全存储和可追溯性，减少数据篡改和信息泄露的风险。

边缘计算的应用：随着物联网设备的普及，智能工具可能更多地应用于边缘计算。边缘计算可以在数据产生的地方进行实时处理，降低数据传输的延迟，更及时地响应潜在的风险。

联邦学习：联邦学习是一种分布式机器学习的方法，可以在保护数据隐私的同时，实现模型的训练。这种技术可以应用于多方合作的场景，提高风险评估的效率。

智能决策支持系统：未来的智能工具可能更加注重将风险评估与决策过程相结合，形成智能决策支持系统。这样的系统可以为管理者提供更全面、实时的风险信息，帮助其做出更明智的决策。

智能工具在风险评估与预测领域的应用为组织提供了更强大的工具，有助于提高风险管理的效率和准确性。从大数据分析到机器学习，再到自然语言处理和人工智能，这些智能工具的不断创新将为风险管理带来新的可能性。然而，在应用智能工具时，组织需要认识到相应的挑战，采取相应的策略，以保障智能工具在风险评估中发挥最大的效益。随着技术的不断发展，智能工具在风险管理中的应用将继续演进，为组织创造更安全、可持续的发展环境。

二、风险管理对项目决策的影响

（一）概述

在项目管理中，风险是一个不可避免的因素。项目决策的质量和有效性直接受到风险的影响。因此，风险管理在项目决策中发挥着至关重要的作用。本文将深入探讨风险管理对项目决策的影响，并进行详细分析。

（二）风险识别与评估

1. 项目初期风险识别

在项目启动阶段，通过系统的风险识别过程，团队可以提前识别可能影响项目目标的各种风险。通过使用各种工具和技术，例如 SWOT 分析、头脑风暴和专家访谈，项目团队能够辨识并记录潜在的风险因素。

2. 风险评估

风险评估是项目管理中的关键步骤，通过对潜在风险的定性和定量评估，项目团队可以更好地理解每个风险的概率和影响，这种深入的评估有助于确定哪些风险对项目目标的实现具有较大影响，从而为项目决策提供了有力的依据。

3. 影响决策的风险分类

不同类型的风险可能对项目决策产生不同的影响。例如，技术风险可能需要更多的研发资源，而市场风险可能导致市场萎缩。通过对风险的分类和评估，项目经理可以更好地理解风险对不同方面的潜在影响，进而在决策中做出明智的选择。

（三）风险响应与决策制定

1. 制定风险应对策略

一旦识别和评估了项目风险，接下来就是制定风险应对策略。项目团队需要在可能发生的风险发生前制定预防性和应变性的计划。这些计划可能包括资源调配、技术升级、合同调整等。风险管理的及时和恰当响应，直接影响项目决策的可行性和成功实施。

2. 决策的灵活性

风险管理使项目团队更具决策的灵活性。通过建立应对多种情况的备选方案，项目经理可以在面对不同风险时快速做出决策。这种灵活性使得项目能够更好地适应不断变化的外部环境，提升项目的成功概率。

3. 风险与机会的权衡

风险管理不仅是对负面风险的管理，还包括对正面风险（机会）的利用。在项目决策中，团队需要考虑如何最大化正面风险的影响，以实现项目的最大化利益。通过将风险视为一种机会，项目团队可以更加全面地制定决策，增强项目的综合竞争力。

（四）风险监控与决策调整

1. 实时监控风险

风险管理不是一次性的过程，而是需要在整个项目生命周期中持续进行。通过实时监控项目中的风险，项目团队可以更早地发现新的风险并及时做出调整。这种实时性的监控能力直接影响项目决策的时效性和准确性。

2. 决策的迭代与优化

由于项目中的风险随时可能发生变化，项目团队需要不断迭代和优化决策。风险管理提供了一个反馈机制，使得项目经理可以综合实际情况对之前的决策进行调整。这种持续优化的过程有助于确保项目在不断变化的环境中保持竞争力。

3. 持续学习与经验积累

通过对风险管理的不断实践，项目团队能够积累宝贵的经验教训，这种经验可以成为未来项目决策的重要依据，帮助项目团队更好地应对类似的挑战。风险管理使得项目团队能够在持续学习中不断提高决策的水平。

风险管理对项目决策产生了广泛而深远的影响。通过风险识别与评估，项目团队能够在项目初期就了解到可能的挑战；通过风险响应与决策制定，团队可以灵活应对各种风险；通过风险监控与决策调整，项目能够在变化中不断优化决策。综合而言，风险管理不仅是项目管理的一个步骤，而且是项目成功的关键因素之一。通过风险管理，项目团队可以更加全面地了解项目的环境，并更好地应对不确定性和挑战。

第六章　智能建筑运维与维护

第一节　智能建筑运维的重要性

一、运维对建筑性能的关键影响

（一）概述

在建筑领域，运维（运营与维护）不仅是建筑竣工后的一项工作，而且是对建筑性能的关键影响因素。运维的质量和效果直接影响着建筑的长期可持续运营，包括能耗、安全性、舒适性等多个方面。本文将深入研究运维对建筑性能的关键影响，并从多个角度进行详细分析。

（二）建筑运维的范畴

1. 设备维护

建筑内的各种设备，如暖通空调系统、电气系统、给排水系统等，需要定期维护以确保其正常运行。设备的定期检查、清理和维修是建筑运维的基础，直接关系到建筑内部环境的舒适度和安全性。

2. 安全管理

运维在维护建筑安全方面起到了至关重要的作用。这包括火警系统、防盗系统、紧急疏散通道等的运行维护。有效的安全管理不仅确保了建筑内人员的生命财产安全，也是建筑可持续运营的前提条件。

3. 能耗管理

运维对建筑的能耗影响尤为显著。通过对暖通空调、照明系统等的运行状态进行监测和调整，可以有效减少建筑的能源消耗。合理的运维策略可以在不影响使用舒适度的前提下，最大限度地提高能源利用效率。

4. 环境舒适度

建筑内部的环境舒适度直接关系到使用者的工作、生活体验。通过运维对空调、采暖、通风等系统的精细调整，可以提高建筑内部的温度、湿度等舒适性指标，满足使用者的不同需求。

（三）运维对建筑性能的关键影响

1. 建筑寿命周期成本

建筑的运营和维护阶段通常占据其寿命周期成本的很大比例。合理高效的运维管理可以有效降低建筑运营成本，提升整体投资回报率。通过定期维护、设备升级等手段，延长设备寿命，减少维修成本，进而降低了建筑寿命周期的总体成本。

2. 环境可持续性

建筑运维对环境的影响也直接体现在可持续性方面。通过采用节能技术、推行绿色运维理念，建筑运维可以减少对自然资源的消耗，降低对环境的负担，从而推动建筑行业向可持续发展方向迈进。

3. 使用者满意度

建筑的运维直接关系到使用者的满意度。良好的运维管理可以确保建筑内各项设施设备的正常运行，提供更加安全、舒适、便利的使用环境。使用者满意度的提升既可以增强建筑的形象，也有助于提高建筑的租售率，进而提升建筑的投资价值。

（四）运维创新对建筑性能的提升

1. 智能化运维

随着物联网技术的发展，智能化运维已经成为提高建筑性能的重要手段。通过在建筑内部引入传感器、智能控制系统等技术，可以实现对建筑设备的实时监测和远程控制。智能化运维不仅提高了运维的效率，还能够更准确地响应建筑性能的变化。

2. 数据分析与预测

运维过程中产生的大量数据可以通过数据分析技术进行挖掘，为建筑性能的提升提供决策支持。通过对设备运行数据、能耗数据等进行分析，可以提前发现潜在问题并采取预防性措施，从而避免由于设备故障等原因带来的损失。

3. 环保技术应用

运维创新也包括对环保技术的广泛应用。例如，采用可再生能源、建筑外墙的绿化、雨水收集利用等环保技术，不仅能够提高建筑的环境可持续性，还能够在运维过程中降低能耗，减少对环境的负面影响。

（五）运维人才的重要性

运维团队的素质和专业水平直接决定了运维的质量。拥有高素质的运维人才，不仅能够确保设备设施的正常运行，还能够更好地应对建筑运行过程中的各种挑战。以下是运维人才的几个重要方面：

1. 技术水平

运维人才应具备丰富的专业知识和技能，包括但不限于建筑设备的维护和修复、安全管理、能耗监控与调整等方面。技术水平的提升可以有效提高运维效率，减少设备故障风险。

2. 沟通协调能力

运维人员需要与建筑管理者、使用者以及其他相关方保持密切的沟通，及时了解建筑使用情况和问题反馈。优秀的沟通协调能力有助于更快地解决问题，提升用户满意度。

3. 创新意识

随着科技的发展，运维领域也不断涌现出新的技术和方法。具备创新意识的运维人才能够更好地引入新技术，应对建筑运维的新挑战，推动运维工作朝着更高效、智能的方向发展。

4. 培训与学习

运维人员需要不断地接受培训和学习，跟踪新的设备技术、运维理念以及法规政策等方面的更新。持续的学习有助于保持运维团队的专业水平，提高对新技术的适应能力。

综上所述，运维对建筑性能有着关键的影响。从设备维护、安全管理、能耗管理到环境舒适度，运维在建筑的各个方面都发挥着不可替代的作用，运维的质量和创新水平直接决定了建筑的长期可持续运营，影响了建筑的成本、环保性以及使用者的满意度。通过智能化运维、数据分析与预测、环保技术应用等创新手段，以及对运维人才的培养与留存，可以更好地提升建筑性能，实现建筑运营的可持续发展。在未来，随着科技的不断发展，建筑运维将迎来更多的机遇和挑战，需要不断创新、学习，以适应新的发展趋势。

二、智能建筑设备的运维需求

（一）概述

随着科技的不断发展，智能建筑设备的应用逐渐成为建筑领域的主流。智能建筑设备通过集成先进的传感器、自动控制系统和数据分析技术，实现了对建筑内部环境、设备运行状态等方面的智能监测与管理。然而，智能建筑设备的运维面临着新的挑战和需求。本文将深入探讨智能建筑设备的运维需求，以及如何满足这些需求以确保设备的高效、安全、稳定运行。

（二）智能建筑设备的特点

1. 传感器技术

智能建筑设备通常配备了各类传感器，用于监测建筑内外的温度、湿度、光照、气体浓度等环境参数。这些传感器通过实时采集数据，为运维人员提供了更为全面的设备状态信息，有助于及时发现潜在问题。

2. 自动控制系统

智能建筑设备的自动控制系统可以通过集成的智能算法对建筑设备进行智能调控。这包括暖通空调系统、照明系统、安防系统等。自动控制系统的引入提高了设备的自适应性和效率，但也对运维提出了更高的技术要求。

3. 数据互联

智能建筑设备通过互联网实现了数据的实时传输与共享。这为运维人员提供了更为便捷的远程监控和管理手段。同时，数据互联也为数据分析、预测性维护等运维工作提供了更为丰富的数据来源。

4. 远程维护

智能建筑设备支持远程维护，运维人员无须亲临现场即可进行设备的监控、诊断和维修。这一特点减少了运维的时间和成本，提高了设备的可用性。

（三）智能建筑设备运维需求

1. 实时监测与预警

由于智能建筑设备具备传感器技术，能够实时监测各类参数，因此运维人员对实时监测与预警的需求更加迫切。通过实时监测，可以及时发现设备运行异常、能耗过高等问题，并通过智能警报系统提前预警，以避免设备故障对正常运行的影响。

2. 数据分析与优化

智能建筑设备产生的大量数据需要进行精准的分析，以获取设备性能、能源利用等方面的关键指标。数据分析有助于运维人员深入了解设备的运行状况，提高设备的运行效率，降低能耗，并进行更为精细的设备优化。

3. 远程维护与故障排除

智能建筑设备的远程维护能力是运维人员的重要需求之一，通过远程维护，运维人员可以实时查看设备运行状态，进行故障诊断和排除。这降低了因设备故障而导致的停机时间，提高了设备的可靠性和可用性。

4. 安全性管理

由于智能建筑设备通常涉及大量的数据传输和共享，所以对设备和数据的安全性管理成为运维人员的一项重要任务。建立安全的数据传输通道、加密存储、权限控制等措施是确保设备运维过程中信息安全的重要手段。

（四）满足智能建筑设备运维需求的挑战与技术手段

1. 挑战

（1）技术更新换代快

智能建筑设备的技术更新速度较快，运维人员需要不断学习新的技术和工具，以保持在技术领域的竞争力。

（2）大数据处理难题

智能建筑设备产生的大量数据需要进行处理和分析，对于运维人员提出了对大数据处理和分析技术的要求。

（3）安全风险增加

智能建筑设备的互联特性使得其更容易受到网络攻击和数据泄露的威胁，运维人员需要加强网络安全防护。

2. 技术手段

（1）人工智能技术

人工智能技术的应用能够帮助运维人员更好地处理大量数据，实现对设备性能的智能分析与预测。通过机器学习算法，可以建立设备的运行模型，提高设备的维护效率。

（2）云计算与边缘计算

云计算和边缘计算技术能够为智能建筑设备提供强大的计算和存储能力。云计算通过在远程服务器上存储和处理大量数据，为运维人员提供高效的数据管理和分析工具。边缘计算则将部分计算任务推向设备附近，提升了实时性和响应速度，特别对于需要迅速处理的运维任务具有重要意义。

（3）物联网技术

物联网技术是智能建筑设备的基石，通过连接各类设备，运维人员可以实时获取设备状态信息，进行远程监控和控制。物联网技术的应用有助于提高设备的可用性、稳定性和安全性。

（4）区块链技术

区块链技术提供了一种去中心化的数据管理方式，可以保证智能建筑设备产生的数据的完整性和安全性。通过区块链技术，可以防范数据篡改和非法访问，提升智能建筑设备运维的信息安全水平。

（五）智能建筑设备运维的未来发展趋势

1. 强化智能化运维

随着人工智能、大数据、物联网等技术的不断发展，未来智能建筑设备的运维将更加智能化。运维人员将更多地依赖人工智能算法进行设备状态分析、故障诊断和预测性维护，提高运维效率。

2. 数据驱动运维决策

大数据技术的广泛应用将使得运维决策更加数据化。通过对大量实时数据的分析，运维人员可以制定更加科学合理的运维策略，优化设备的性能和能效。

3. 预测性维护成为主流

未来智能建筑设备的运维将更加注重预测性维护。通过对设备的历史数据和实时数据进行分析，预测性维护可以更准确地预测设备的故障发生时间，进而避免计划外停机，提高设备的可靠性。

4. 安全性与隐私保护

随着智能建筑设备的普及，对设备和数据的安全性和隐私保护将成为运维工作的核心关注点。未来运维团队需要加强网络安全防护、数据加密等手段，确保设备运维过程中的信息安全。

5. 生态系统化运维

未来智能建筑设备运维将更加注重建立一个生态系统化的运维体系。不仅是设备制造商和运维人员之间的合作，还包括设备之间的互联互通，形成一个协同工作的整体，以实现设备运维的高效性和协同性。

智能建筑设备的运维需求在科技发展的推动下日益增加，运维人员需要适应新技术的不断更新和设备复杂性的提升。实时监测与预警、数据分析与优化、远程维护与故障排除、安全性管理等成为智能建筑设备运维的核心需求。在挑战面前，运维人员可以通过应用人工智能技术、云计算与边缘计算、物联网技术、区块链技术等多种技术手段，以满足智能建筑设备运维的不断升级需求。未来，随着技术的不断创新，智能建筑设备的运维将迎来更多的机遇与挑战，运维团队需要保持敏锐的洞察力，不断提高技术水平，以保证智能建筑设备的可持续高效运行。

三、运维与用户体验的关系

（一）概述

在当今数字化和信息化的时代，用户体验成为企业和服务提供商竞争的关键因素之一。用户体验涵盖了用户在使用产品或服务过程中的感知、情感和互动。与此同时，运维作为保障系统和服务稳定运行的关键环节，与用户体验密切相关。本文将深入探讨运维与用户体验的关系，分析运维如何影响用户体验，以及如何通过运维优化提升用户体验。

（二）运维对用户体验的直接影响

1. 系统稳定性

运维的首要任务是确保系统的稳定性。稳定的系统能够保证用户在使用产品或服务时不会遇到频繁的故障或中断，从而提升用户体验。如果系统经常出现故障或不稳定，用户将面临服务中断、数据丢失等问题，将直接影响其体验。

2. 故障处理和响应时间

用户在使用产品或服务时可能会遇到各种故障或问题，而运维团队的故障处理效率和响应时间直接影响用户的满意度。快速而有效的故障处理能够降低用户因故障而产生的不便，提升用户体验。

3. 安全性与隐私保护

运维在确保系统安全性和用户隐私保护方面发挥着至关重要的作用。一旦发生数据泄露、系统被攻击等安全问题，用户对产品或服务的信任将受到严重损害，从而直接影响用户体验。因此，运维需要实施严密的安全策略和隐私保护措施。

（三）运维对用户体验的间接影响

1. 性能优化

运维通过对系统性能的监测、调整和优化，能够提高系统的响应速度和性能表现。一个高性能的系统能够更快地响应用户请求，减少等待时间，从而提升用户体验。

2. 可用性和可靠性

运维的工作包括定期的系统备份、容灾演练以及故障预防等，这些工作能够提高系统的可用性和可靠性。用户在能够稳定、可靠地使用产品或服务的情况下，会更加信任和满意，间接推动用户体验的提升。

3. 数据恢复与灾难恢复

当系统遇到灾难性故障或数据丢失时，运维团队需要快速而有效地进行数据恢复和灾难恢复工作。成功的数据恢复和灾难恢复能够最大限度地保护用户的数据，减少因数据丢失而带来的损失，提高用户体验。

（四）运维与用户体验的优化策略

1. 实时监测与预测

通过实时监测系统的运行状态，运维团队可以在问题发生之前就发现并解决潜在的故障。采用预测性维护技术，提前识别设备可能出现的问题，并采取措施进行修复，从而避免系统宕机或故障对用户体验的负面影响。

2. 自动化运维

自动化运维工具和流程能够提高运维效率，减少人为错误的发生。通过自动化处理重复性、烦琐的任务，运维团队可以更专注于系统性能优化和故障处理，从而提升用户体验。

3. 安全策略与风险管理

建立完善的安全策略和风险管理体系，对系统进行全面的安全审计和漏洞扫描。

定期进行安全培训，确保运维人员具备处理各类安全威胁的能力。有效的安全策略和风险管理将提高系统的稳定性，保护用户的隐私，间接增强用户体验。

4. 用户反馈与沟通

建立用户反馈机制，通过用户的反馈了解系统存在的问题和不足之处。及时响应用户的需求和意见，加强与用户的沟通，以便更好地满足用户的期望，改进产品或服务，提升用户体验。

5. 性能优化和容量规划

通过定期的性能测试，了解系统的“瓶颈”和性能“瓶颈”。结合测试结果进行优化，提高系统的响应速度和性能表现。合理的容量规划也是确保系统稳定运行的关键，避免因容量不足而导致的性能下降。

（五）如何提升用户体验通过运维

1. 建立良好的用户沟通渠道

与用户建立有效的沟通渠道是提升用户体验的关键。运维团队可以通过建立在线平台、设立服务热线、设立用户反馈通道等方式，及时收集用户的问题和建议。通过与用户进行有效的沟通，运维团队能够更好地了解用户的需求，提高对用户的服务水平。

2. 响应快速、解决问题迅速

对于用户提出的问题或故障，运维团队需要快速响应并快速解决。及时处理用户反馈的问题，降低因设备故障引起的不便，提高用户的满意度。通过建立高效的故障处理流程，运维团队可以更加迅速地响应用户需求，保障建筑设备的稳定运行。

3. 实施预防性维护

预防性维护是提升用户体验的有效手段。通过定期的设备检查、保养和维护，可以减少设备的故障率，提高设备的可靠性和稳定性。预防性维护有助于防患于未然，减少用户在使用过程中遇到的问题，提高用户体验。

4. 利用智能化技术提升服务水平

运维团队可以借助智能化技术，如大数据分析、人工智能等，提升运维服务的水平。通过对设备运行数据的分析，运维团队可以提前发现潜在问题，采取措施进行预防性维护。智能化技术还可以为用户提供更个性化、智能化的服务，提高用户体验的舒适度。

5. 培训运维人员的专业素养

提升运维人员的专业素养是保障设备运行稳定性和用户体验的关键。运维人员需要不断学习新的设备技术、运维管理方法等知识，保持对行业最新发展的敏感性。通过培训和专业认证，提升运维人员的专业水平，有助于提供更高水平的服务，增强用户对运维工作的信任感。

第二节　智能建筑设备的远程监控与维护

一、远程监控系统的构建

（一）概述

随着信息技术的不断发展，远程监控系统在各个领域的应用逐渐成为一种必要。远程监控系统可以通过网络实时监测、管理和控制设备、系统或过程，为用户提供方便、高效的监测服务。本文将深入研究远程监控系统的构建，包括系统架构设计、关键技术应用以及实际应用场景。

（二）远程监控系统的基本架构设计

1. 系统组成

远程监控系统的基本组成包括监测设备、数据传输网络、数据处理中心和用户界面。

监测设备：涉及需要监测的物理设备，如传感器、摄像头、控制器等，负责采集实时数据。

数据传输网络：提供设备采集的数据传输通道，可以是有线网络（如以太网）、无线网络（如 Wi-Fi、蜂窝网络）等，保证数据的及时传送。

数据处理中心：负责接收、处理、存储和分析从监测设备传送过来的数据，通常包括数据库、数据处理算法等组件。

用户界面：提供给最终用户的操作界面，可以是网页、移动应用、桌面应用等，用户通过该界面查看监测数据、进行操作和设置。

2. 数据流程

数据采集：监测设备通过传感器等手段采集实时数据，如温度、湿度、压力、图像等。

数据传输：采集的数据通过数据传输网络上传至数据处理中心，确保数据的快速、可靠传送。

数据处理：数据处理中心接收数据后进行存储、处理和分析，可能包括数据清洗、去噪、计算等操作。

用户展示：处理后的数据通过用户界面展示给最终用户，用户可以实时监测设备状态、获取相关信息。

（三）关键技术应用

1. 传感技术

传感技术是远程监控系统的基础，通过各种传感器采集不同的物理量，如温度、湿度、压力、光照等。不同的监测需求需要选择适当类型的传感器。

2. 通信技术

数据传输网络的选择直接关系到系统的实时性和稳定性，有线网络如以太网、光纤，无线网络如 Wi-Fi、蜂窝网络，通信协议如 MQTT、CoAP 等，都是常用的通信技术。

3. 数据存储与处理技术

数据处理中心需要具备高效的数据存储和处理能力。常用的数据库系统包括 MySQL、PostgreSQL、MongoDB 等。数据处理算法可以采用实时计算、机器学习等技术，对采集的数据进行分析、预测等操作。

4. 安全技术

远程监控系统中的数据传输和存储都需要考虑安全性。使用加密技术确保数据传输的机密性，采用访问控制、身份验证等手段保障数据存储的完整性和可靠性。

（四）远程监控系统的实际应用场景

1. 工业生产

在工业生产中，远程监控系统可以实时监测生产线设备的运行状态、生产质量等，提高生产效率，减少故障停机时间。

2. 智能建筑

远程监控系统在智能建筑中的应用广泛，可以监测建筑的能耗、安全状态、环境舒适度等，通过智能控制系统实现对照明、空调等设备的远程控制。

3. 农业

在农业领域，远程监控系统可以用于监测农田的土壤湿度、温度、作物生长状况等信息，帮助农民科学决策，提高农业生产效益。

4. 健康医疗

在健康医疗领域，远程监控系统可以用于患者生命体征的监测，实现远程医疗服务，为患者提供更加便捷的医疗体验。

（五）构建远程监控系统的关键步骤

1. 系统需求分析

在构建远程监控系统之前，需要充分了解用户的需要和系统的功能要求。明确监控的目标、采集的数据种类、用户的操作需求等。

2. 设计系统架构

基于需求分析，设计远程监控系统的整体架构，包括监测设备的选择、数据传输网络的设计、数据处理中心的架构和用户界面的设计。

3. 硬件和软件的选型

根据系统需求和设计，选择适合的硬件设备和软件工具。硬件设备包括监测设备、传感器、通信设备等，而软件工具则涉及数据库系统、通信协议、数据处理算法等。确保选型能够满足系统性能和稳定性的要求。

4. 数据传输与安全设计

设计可靠的数据传输机制，选择合适的通信协议和网络技术，确保数据能够及时、安全地传输到数据处理中心。同时，加强系统的安全设计，采用加密、身份验证等多种手段防范潜在的安全威胁。

5. 数据处理与分析流程设计

确定数据处理中心的数据处理流程，包括数据的存储方式、处理算法、实时计算等。确保系统能够高效地处理和分析大量实时数据，为用户提供准确的监测信息。

6. 用户界面设计

设计用户界面时需要考虑用户的使用习惯和需求。界面应该简洁直观，能够清晰展示监测数据，提供用户友好的操作和设置界面。响应速度和易用性是设计中需要特别关注的方面。

7. 系统集成与测试

在系统构建完成后，进行系统集成测试，确保各个组件之间的协同工作正常。此时需要模拟实际使用场景，检验系统在不同条件下的稳定性和性能。对于可能出现的问题，及时进行调整和修复。

8. 上线运营与维护

系统构建完成后，进行上线运营。在运营过程中，需要定期进行系统维护，监测系统性能，及时处理可能出现的故障。同时，根据用户反馈和系统运行情况，进行持续的优化和改进，保障系统能够始终保持良好的运行状态。

（六）远程监控系统的未来发展趋势

1. 智能化与自动化

未来，远程监控系统将更加智能化，通过引入人工智能、机器学习等技术，实现系统的自动学习和优化。这将提升系统的智能化水平，使其能够更好地适应不同环境和应用场景。

2. 边缘计算的应用

随着边缘计算技术的发展，未来远程监控系统将更加注重在本地处理和分析数据，减少对云端的依赖。这将提高系统的实时性和稳定性，降低数据传输的延迟。

3. 多模态数据的融合

未来的远程监控系统将更加注重多模态数据的融合，不仅可以监测传感器数据，还可以整合图像、视频、声音等多种数据源，提供更加全面的监测信息。

4. 生态系统的集成

远程监控系统将更加注重与其他生态系统的集成，与物联网、大数据平台等相互连接，实现更加全面、智能的监控服务。这将推动远程监控系统在各个领域的广泛应用。

远程监控系统的构建是一项复杂而关键的工程，需要综合考虑硬件、软件、通信、安全等多个方面的因素，通过合理的架构设计、技术应用和系统集成，可以构建出稳定、高效的远程监控系统，满足不同领域的监测需求。未来，随着技术的不断发展，远程监控系统将更加智能、自动化，为各行各业提供更为先进、便捷的监测服务。

二、远程维护工具的使用与效果

（一）概述

随着信息技术的快速发展，远程维护工具的应用在各个行业逐渐成为一种常见的趋势。远程维护工具允许技术人员通过网络远程访问和管理设备，实时监测、诊断和修复问题，从而降低了维护成本、提高了工作效率。本文将深入研究远程维护工具的使用，探讨其在不同领域的应用与效果。

（二）远程维护工具的基本原理

1. 远程访问技术

远程维护工具的核心在于远程访问技术，其允许技术人员通过网络连接到远程设备，实现对设备的监控、诊断和操作。常见的远程访问技术包括 SSH（Secure Shell）、RDP（Remote Desktop Protocol）、VNC（Virtual Network Computing）等。

2. 数据传输与加密

由于远程维护涉及敏感数据和操作，因此数据传输的安全性至关重要。远程维护工具通常采用加密技术，保障数据在传输过程中的机密性。常见的加密协议包括 SSL/TLS（Secure Sockets Layer/Transport Layer Security）等。

3. 远程控制与协作

远程维护工具不仅允许技术人员远程访问设备，还提供了远程控制和协作的功能。这意味着技术人员可以在远程设备上执行操作，甚至与本地用户协同解决问题，提高了远程维护的灵活性和效率。

（三）远程维护工具的应用领域

1. 信息技术领域

（1）服务器管理

远程维护工具在服务器管理中起到关键作用。管理员可以通过远程维护工具监测服务器的性能、进行系统配置和应用程序管理，甚至可以在出现故障时远程诊断和修复问题，降低了因故障导致的停机时间。

（2）网络设备维护

网络设备的远程维护工具允许管理员远程访问路由器、交换机等设备，进行配置、监测网络流量、排除故障等操作。这对于分布式网络和远程办公环境非常重要。

（3）远程协助与支持

在信息技术领域，远程维护工具还广泛用于远程协助和支持。技术支持团队可以通过远程访问工具实时查看用户的计算机问题，提供远程指导和解决方案。

2. 工业制造领域

（1）设备监控与维护

工业生产中的设备通常分布在不同的地理位置，使用远程维护工具可以实现对这些设备的远程监控与维护。工程师可以远程访问设备的控制系统，对其进行实时监测、调整参数以及故障排除。

（2）生产线优化

远程维护工具可用于监测生产线的运行状况，实时收集数据并进行分析。通过远程访问工具，工程师可以对生产线进行远程调整，优化生产过程，提高生产效率。

（3）预防性维护

远程维护工具还可以实现预防性维护，通过远程监测设备运行状态，提前发现潜在问题并进行修复，减少因设备故障导致的停机时间，降低维护成本。

3. 医疗卫生领域

（1）远程医疗服务

远程维护工具在医疗卫生领域广泛应用于远程医疗服务。医生可以通过远程访问工具远程查看患者的医疗数据、进行远程诊断，甚至进行远程手术指导，提高了医疗服务的覆盖范围和效率。

（2）医疗设备监控

医疗设备的监控与维护对于患者的生命安全至关重要。通过远程维护工具，医疗设备可以实现远程监控、故障诊断和远程修复，保障设备的稳定运行。

（3）健康管理

在健康管理领域，远程维护工具可以用于监测患者的生理数据，如血压、血糖、心率等。医生可以通过远程访问工具实时获取患者的健康状况，提供个性化的健康管理建议。

4. 其他

（1）车辆远程诊断与维护

在汽车制造和运营领域，远程维护工具被广泛应用于车辆的远程诊断与维护。通过远程访问工具，汽车制造商和服务提供商可以监测车辆的性能，提前发现潜在问题，减少车辆故障和维修成本。

（2）智能家居

在智能家居领域，远程维护工具用于管理和维护各种智能设备，如智能家电、安防系统、照明系统等。用户可以通过远程维护工具远程控制和监控家居设备，提高家居生活的智能化和便利性。

（3）电商物流

电商物流领域也广泛使用远程维护工具。通过远程访问工具，物流公司可以实时监控车辆位置、货物状态，进行路线规划和调度，提高物流运营的效率。

（四）远程维护工具的优势

1. 节约时间和成本

使用远程维护工具可以避免技术人员现场操作的需要，大大减少了时间和成本。技术人员可以在任何地方通过网络远程访问设备，进行监测、诊断和修复，无须进行长途出差。

2. 提高效率和响应速度

远程维护工具能够实现实时监控和远程控制，使技术人员能够迅速响应设备问题。通过快速的远程诊断和修复，可以减少设备停机时间，提高生产效率。

3. 提高灵活性和适用性

远程维护工具提供了灵活性和适用性，使得技术人员可以随时随地对设备进行管理。不受地理位置限制，可以对全球范围内的设备进行监控和维护，适用于分布广泛的设备网络。

4. 实现远程协作与培训

远程维护工具支持多用户协同操作，多个技术人员可以同时远程访问设备，共同解决问题。另外，远程维护工具还可以用于远程培训，技术人员可以远程指导用户操作和解决问题。

（五）远程维护工具的挑战与解决方案

1. 安全性和隐私问题

随着远程维护工具的广泛应用，安全性和隐私问题备受关注。为了解决这一挑战，远程维护工具需要加强数据传输的加密机制，采用身份验证等手段确保只有授权人员能够访问设备。

2. 网络稳定性

远程维护依赖于网络连接，如果网络不稳定或中断，可能导致远程访问失败。为了应对网络稳定性问题，可以采用备用网络、提高带宽等措施，保证远程维护工具在各种网络环境下都能正常运作。

3. 设备兼容性

不同厂商和型号的设备可能使用不同的通信协议和远程访问接口，导致兼容性问题。解决这一挑战的方法包括使用标准化的通信协议、定制化的适配器，以确保远程维护工具能够兼容各种设备。

4. 技术培训与人员素质

使用远程维护工具需要技术人员具备一定的培训和操作经验。解决这一挑战的方法包括提供详细的用户手册、在线培训课程，确保技术人员能够熟练操作远程维护工具。

第三节　预防性维护在智能建筑中的应用

一、预防性维护的定义与原则

（一）概述

随着科技的不断进步和工业化的发展，设备和设施的维护变得愈发重要。传统的维护模式主要是在设备出现故障后进行修复，这被称为“事后维护”或“故障维护”。然而，为了提高设备的可靠性、降低维护成本，并确保设备的长期有效运行，预防性维护逐渐成为一种被广泛采用的策略。本文将深入探讨预防性维护的定义、原则以及在不同领域的应用。

（二）预防性维护的定义

预防性维护是一种基于先见之明、在设备出现故障之前采取措施的维护策略。其目标是通过定期检查、维修和更换设备部件，以预防潜在的故障，提高设备的可靠性和性能。预防性维护可以分为计划性预防性维护和条件性预防性维护两种主要类型。

计划性预防性维护：这种类型的预防性维护是基于设备的使用寿命、生产周期或制造商的建议进行的，维护计划通常在设备运行的特定时间间隔内进行，例如每隔一定数量的工作小时或每隔一定的日历时间。这有助于在设备达到潜在故障点之前，预防性地替换磨损部件，延长设备寿命。

条件性预防性维护：这种类型的预防性维护是基于设备的实际工作状态和性能参数进行的。通过监测设备的运行状况，使用传感器和监测工具来检测潜在的问题。一旦设备显示出异常行为或性能下降，就可以采取相应的维护措施，避免更严重的故障。

预防性维护的核心理念是在设备失效之前识别和解决问题，从而减少维护成本、提高设备可用性，并减少因突发故障而导致的停机时间。

（三）预防性维护的原则

1. 数据驱动决策

预防性维护的第一个原则是数据驱动决策。通过采集、监测和分析设备的运行数据，可以更准确地了解设备的状态和性能。这种数据可以包括设备的工作温度、压力、振动等各种参数。根据对这些数据的分析，可以制定更合理、更精准的维护计划，确保维护的时机更为准确。

2. 周期性检查与维护

预防性维护的第二个原则是周期性检查与维护。定期的检查和维护可以帮助发现设备的潜在问题，防止故障的发生。这包括清洁、润滑、紧固零件、更换易损件等工作。通过在设备正常运行期间进行这些预防性维护工作，可以防止因为磨损、腐蚀等问题导致的设备故障。

3. 条件监测与传感技术

预防性维护的第三个原则是条件监测与传感技术。通过使用先进的传感器技术，可以实时监测设备的运行状况。这些传感器可以测量温度、振动、电流、压力等参数，帮助实现对设备健康状况的实时监测。一旦检测到异常，就可以及时采取措施，防止问题进一步扩大。

4. 原因分析与持续改进

预防性维护的第四个原则是原因分析与持续改进。当设备发生故障时，必须进行根本原因的分析，找出问题的根本原因，以避免类似问题的再次发生。通过持续改进的方式，不断优化维护计划、提高设备可靠性，确保预防性维护策略的有效性。

5. 维护团队的培训与技能提升

预防性维护的第五个原则是维护团队的培训与技能提升。维护人员需要具备丰富的知识和技能，能够准确判断设备的运行状态，并进行有效的维护。定期的培训和技能提升计划可以确保维护团队跟上最新的技术和维护方法，提高工作效率和维护质量。

（四）预防性维护在不同领域的应用

1. 制造业

在制造业领域，预防性维护被广泛应用于各类生产设备和机械。通过对生产线的定期检查、润滑、更换易损件等预防性措施，可以有效降低设备故障率，提高生产效率。条件监测技术常用于监测设备振动、温度、电流等参数，及时发现设备异常，采取相应措施。预防性维护在制造业中不仅能够降低维护成本，还能避免由于设备故障导致的生产停机，提高整体生产效益。

2. 能源行业

在能源行业，预防性维护对于电力设备、输电线路等的正常运行至关重要。通过周期性检查设备的电缆、绝缘、开关等部件，及时发现并解决潜在问题，可以提高电力系统的可靠性。条件监测技术在电力设备中的应用也十分广泛，通过监测电机温度、电流、振动等参数，实现对设备状态的实时监测，有助于预防设备故障。

3. 运输与物流

在运输与物流领域，预防性维护可应用于车辆、船舶、飞机等交通工具的维护。通过定期检查发动机、制动系统、轮胎等关键部件，及时发现并修复潜在问题，可以确保交通工具的安全运行。条件监测技术在交通工具维护中的应用也较为常见，通过监测车辆引擎参数、船舶船体状况等，实现对交通工具健康状态的实时监测，预防设备故障。

4. 医疗卫生领域

在医疗卫生领域，预防性维护应用于医疗设备的管理与维护。医疗设备的稳定运行对患者的安全至关重要。通过定期检查、校准医疗设备，确保其符合相关标准和性能要求。条件监测技术在医疗设备中的应用，如监测心电图仪、影像设备等的运行参数，有助于提前发现潜在问题，保证医疗设备的可用性。

5. 建筑与房地产

在建筑与房地产领域，预防性维护可应用于建筑物的各类设备和系统，包括电梯、空调、给排水系统等。通过定期检查、清洁、润滑，可以确保这些设备的正常运行。条件监测技术在建筑设备中的应用也有助于实时监测设备运行状态，提前发现异常，避免设备故障对建筑物使用造成影响。

（五）预防性维护的挑战与应对策略

1. 制定合理的维护计划

制定合理的维护计划是预防性维护的首要挑战。维护计划需要充分考虑设备的使用环境、工作负荷、制造商建议的维护周期等因素。应对策略包括建立完善的设备档案，利用先进的设备管理系统，借助数据分析技术制定科学的维护计划。

2. 数据采集与分析

有效的预防性维护依赖于准确的数据采集和分析。挑战在于如何实时、精准地获取设备运行数据。采用先进的传感技术和监测设备，结合云计算和大数据分析，能够有效解决这一挑战。

3. 资源投入与成本考虑

实施预防性维护需要投入人力、物力和财力。对于一些中小企业或预算有限的单位来说，预防性维护的资源投入可能成为一项挑战。在制定维护计划时，需要充分考虑资源的可用性，确保在可接受的范围内实施预防性维护。

4. 技术水平与设备复杂性

设备的技术水平和复杂性是影响预防性维护的另一重要因素。一些高度自动化和复杂化的设备可能需要更高水平的技术人员进行维护，而这可能是一项挑战。创建定期的培训计划，提升维护团队的技术水平，是应对这一挑战的有效策略。

5. 系统集成与信息共享

在大型系统或复杂设备群中，设备的联动和信息共享是预防性维护的挑战之一。系统集成可以将各个设备连接起来，实现信息的共享和协同。采用先进的物联网技术，建立设备之间的实时通信和数据共享机制，可以实现对整个系统的集中监控和预测性维护。此外，使用统一的设备管理平台，能够集成各类设备信息，提高系统的整体可管理性和维护效率。

（六）预防性维护的实施步骤

为了更有效地实施预防性维护，以下是一些基本的实施步骤：

1. 设备识别与分类

首先需要对所有设备进行识别和分类。建立设备档案，包括设备的基本信息、制造商建议的维护周期、使用环境等。对设备进行分类，根据不同的类型和用途进行分组。

2. 制定维护计划

根据设备的特性和分类，制定合理的维护计划。计划中应包括定期检查的频率、具体的维护任务、使用的维护工具和材料等。对于关键设备，可以采用条件性预防性维护，通过实时监测设备状态来确定维护时机。

3. 采集和分析数据

建立数据采集系统，通过传感器、监测设备等手段实时采集设备运行数据。利用数据分析技术，对采集到的数据进行处理和分析，提取有价值的信息。通过数据分析，可以更精准地判断设备的健康状况，预测可能发生的故障。

4. 实施维护任务

根据制定的维护计划，执行维护任务。这包括定期检查、清洁、润滑、更换易损部件等工作。对于采用条件性预防性维护的设备，根据监测到的数据，及时采取相应的维护措施。

5. 记录和反馈

对每次的维护任务进行详细的记录，包括维护的具体内容、使用的工具和材料、维护的结果等。这些记录可以为未来的维护计划和决策提供重要的参考。同时，建立反馈机制，收集维护人员的意见和建议，不断优化维护计划。

6. 持续改进

预防性维护是一个持续改进的过程。通过定期的维护数据分析和维护任务评估，不断优化维护计划。同时，关注新技术的发展和设备性能的提升，及时更新维护策略和方法，确保预防性维护的有效性和可持续性。

预防性维护作为一种先见之明的维护策略，在提高设备可靠性、降低维护成本、避免突发故障方面具有显著的优势。通过合理的维护计划、数据驱动的决策、条件监测技术的应用等手段，可以实现对设备的全面管理和有效维护。

但是，预防性维护也面临着一系列挑战，如制定合理的维护计划、数据采集与分析、资源投入与成本考虑等。通过系统集成、信息共享、培训与技能提升等手段，可以有效应对这些挑战。

在未来，随着物联网、大数据、人工智能等技术的不断发展，预防性维护将迎来更大的发展空间。更智能化、自动化的维护系统将成为现实，为各行各业提供更高效、可靠的设备维护解决方案。

二、智能建筑预防性维护的实施方法

智能建筑预防性维护是一种基于先进技术的全新维护策略，通过实时监测、数据分析和预测模型等手段，旨在提前识别和解决建筑设施的潜在问题，保证建筑系统的长期可靠性和高效性能。本文将深入探讨智能建筑预防性维护的实施方法，分为几个关键方面进行详细阐述。

（一）智能监测技术的应用

1. 传感器技术在智能建筑中的作用

智能建筑预防性维护的核心在于实时监测建筑内外环境。各类传感器，如温度、湿度、光照、空气质量等，被广泛应用于建筑系统。这些传感器通过物联网技术实现数据的实时采集，并传输至中央控制系统。通过这些传感器，系统能够实时获取建筑运行状态，为维护人员提供及时准确的信息。

2. 物联网技术在建筑监测中的应用

物联网技术的发展为智能建筑预防性维护提供了强有力的支持。物联网不仅实现了传感器之间的互联互通，而且将监测数据传输到中央系统，这样的实时性和全面性为建筑运维提供了更多可能性。维护人员可以通过物联网远程监控建筑系统，及时发现潜在问题，实现更加高效的预防性维护。

（二）数据分析与预测维护

1. 人工智能和机器学习在数据分析中的角色

随着大数据时代的来临，人工智能和机器学习技术在数据分析中发挥着日益重要的作用。通过对海量监测数据的深度分析，建立智能建筑运行的模型，实现对系统状态的实时把握。机器学习算法能够不断学习建筑设备的运行规律，进而预测潜在的故障和设备寿命。这为提前干预、减少停机时间提供了有力的支持。

2. 预测模型的建立与优化

基于机器学习和人工智能的数据分析，建筑设施的预测模型可以更加准确地反映设备的运行状况。这包括设备寿命、故障风险等方面的预测。通过创建和不断优化这些预测模型，维护人员可以在设备故障发生前采取有针对性的措施，实现设备寿命的最大化，降低运维成本，提升建筑系统的可靠性。

（三）定期检查和保养计划

1. 制定合理的检查和保养计划

除了依赖先进技术手段，传统的定期检查和保养计划仍然是智能建筑预防性维护的重要组成部分。通过定期检查，维护人员可以全面了解设备运行状态，检测一些无法被传感器监测到的问题。合理制定的保养计划包括设备的清洁、润滑、调整、更换易损件等内容，确保设备的长期稳定运行。

2. 设备清洁、润滑和更换易损件

定期的设备清洁、润滑和更换易损件是预防性维护的基础工作。清洁和润滑可以有效防止设备因摩擦而损耗，更换易损件则能够避免因为零部件老化而引发的故障。这些常规性的维护措施旨在维持设备的正常运转状态，降低设备发生故障的风险。

（四）故障诊断与快速响应

1. 自动化系统的应用

当建筑设施发生故障时，快速准确的故障诊断是预防性维护的关键环节。智能建筑可以通过自动化系统实现对故障的实时诊断。自动化系统能够通过设备传感器、监控系统等实时获取设备运行状态的数据，一旦检测到异常，即可发出警报并启动故障诊断程序。

2. 远程监控技术的优势

借助远程监控技术，维护人员可以远程获取建筑设施的运行数据，无须亲临现场。这使得在故障发生时，维护人员可以更迅速地进行远程故障诊断。通过远程监控，可以大大缩短故障处理的响应时间，提高维护效率。

3. 提供故障诊断和修复建议

智能建筑系统不仅能够实现故障诊断，还能够提供相应的修复建议。这种智能化的故障处理流程不仅能够为维护人员提供决策支持，还可以降低对于人工智能不熟悉的维护人员的技术门槛，提高整个维护团队的工作效率。

（五）持续改进和优化

1. 建立反馈机制

为了实现智能建筑预防性维护的长期效果，建立一个有效的反馈机制至关重要。根据收集并分析历次维护的数据，可以发现维护计划的不足之处，并及时进行调整。这样的反馈机制有助于建立一个学习型系统，不断优化维护策略，提高维护的针对性和准确性。

2. 利用先进技术和最佳实践

持续改进和优化需要不断吸收先进技术和借鉴其他行业的最佳实践。随着科技的不断发展，新的监测技术、数据分析方法和维护工具不断涌现。通过紧跟科技的步伐，智能建筑可以及时应用这些新技术，不断提升预防性维护的水平。

3. 培训维护人员

智能建筑的预防性维护需要维护人员具备一定的技术水平。因此，定期对维护人员进行培训，使其熟练掌握先进的维护技术和工具，提高维护团队整体素质。这有助于保障智能建筑系统的正常运行，并提高对潜在问题的敏感度。

三、数据分析与智能建筑设备寿命预测

在智能建筑的运营中，数据分析扮演了关键的角色，特别是在预防性维护方面。通过深入分析建筑设备的运行数据，结合先进的技术手段，可以实现对设备寿命的准确预测。本文将重点探讨数据分析在智能建筑设备寿命预测中的应用，包括采用何种数据、分析方法、建模技术以及如何将预测结果转化为实际的维护策略。

（一）数据采集与整合

1. 传感器数据的重要性

智能建筑中使用的各种传感器通过监测环境、设备运行等多方面的数据，提供了丰富的信息。温度、湿度、能耗、设备运转状态等数据都可以成为预测设备寿命的关键因素。在数据采集阶段，应确保传感器的准确性和及时性，以获得高质量的数据基础。

2. 数据整合与清洗

不同传感器生成的数据可能存在格式差异，同时可能会受到异常值或噪声的影响。

在进行数据分析之前，需要进行数据整合与清洗，确保数据的一致性和可靠性。采用合适的数据清洗算法，去除异常值，保证数据的准确性，为后续分析提供可靠的基础。

（二）数据分析方法与技术

1. 描述性统计分析

通过描述性统计分析，可以对数据进行初步的总结和概括。平均值、标准差、分布情况等统计指标能够为理解设备运行状况提供基础信息，为后续深入分析打下基础。

2. 时间序列分析

考虑到设备寿命的变化与时间相关，时间序列分析成为一种重要的手段。通过观察设备寿命随时间的变化趋势，可以推测出设备寿命的周期性规律，为未来的寿命预测提供依据。

3. 机器学习与深度学习算法

机器学习算法和深度学习技术的引入，使得对设备寿命进行更为精准的预测成为可能，通过训练模型，算法可以从大量的数据中学到设备寿命的模式和规律，实现对未来寿命的预测。常用的算法包括决策树、随机森林、神经网络等。

（三）寿命预测模型的建立

1. 特征选择与工程

在建立预测模型时，需要选取与设备寿命相关的关键特征。特征选择和工程的过程中，需要综合考虑传感器数据的重要性，排除无关紧要的因素，确保建模的精确性。

2. 模型训练与验证

选定合适的算法后，进行模型的训练与验证。这一步骤是确保模型能够准确预测设备寿命的关键，需要使用历史数据进行训练，并通过验证集的表现来评估模型的泛化能力。

（四）预测结果的实际应用

1. 维护计划的优化

通过对设备寿命的准确预测，可以制定更为合理和精确的维护计划。提前发现设备寿命短的情况，可以安排定期检修和更换，避免因设备故障导致的损失。

2. 资源的合理配置

预测结果还可以帮助智能建筑进行资源的合理配置。结合设备寿命的预测情况，调整资金投入，合理分配资源，确保在必要时能够及时采取行动，延长设备的使用寿命。

（五）持续优化与改进

数据分析与设备寿命预测是一个持续优化的过程。通过对维护计划的执行情况进行监测和反馈，对模型进行不断的训练和更新，可以不断提高预测的准确性和实际应用效果。

在智能建筑中，通过数据分析技术对设备寿命进行预测，不仅可以提高维护的效率，降低运营成本，还可以提供更加智能和可持续的建筑管理方案。通过不断深入研究和实践，数据分析在智能建筑维护领域的应用将会迎来更为广阔的发展前景。

第四节　智能建筑能源管理与节能技术

一、节能技术在智能建筑中的应用

随着社会的发展和对环境问题的日益关注，智能建筑作为一种集成了先进技术的建筑形式，引入了多种节能技术，以降低能耗、提高能源利用效率，实现可持续发展。本文将深入探讨在智能建筑中广泛应用的各种节能技术，包括建筑外部设计、能源管理系统、智能照明、智能空调系统等方面。

（一）建筑外部设计

1. 高效隔热材料

在智能建筑的设计中，选用高效隔热材料是节能的首要考虑。这些材料具有优异的隔热性能，能够有效减少建筑的能量流失。例如，采用高效的隔热窗户、保温材料和外墙隔热层，可显著减小冷热传导，提高建筑的保温性能。

2. 太阳能利用

通过合理的建筑外部设计，可以最大限度地利用太阳能资源。比如，设置朝南的大窗户，采用太阳能板或透明太阳能玻璃，将阳光引入室内，提供自然采光和温暖。太阳能电池板也可以集成到建筑外部，通过太阳能发电系统为建筑供电，降低对传统电力的依赖。

（二）能源管理系统

1. 智能能源监测与控制系统

智能建筑中的能源管理系统通过实时监测和分析建筑内外环境的能耗情况，提供数据支持，进而实现对建筑能源的智能控制。该系统可以根据建筑内部的温度、湿度、光照等参数进行智能调节，优化供暖、制冷、照明等设备的运行，确保能耗在合理范围内。

2. 高效电器设备

在智能建筑中，采用高效率的电器设备是提高能源利用效率的重要手段。例如，

LED 照明、能效空调等高效能源设备可以降低能耗，提供更为节能的建筑环境。

（三）智能照明系统

1. 自动光照调节

智能照明系统能够根据建筑内外环境光照情况，自动调整照明强度和色温，实现最佳的照明效果。通过采用光感传感器和智能控制算法，系统能够及时感知环境光照变化，调整灯光亮度，以减少不必要的能耗。

2. 智能照明调度

通过智能照明调度，建筑可以综合使用情况和时间安排灯光的开启和关闭。例如，通过预定的时间表或人体传感器，系统可以实现在没有人员活动时关闭照明，减少不必要的用电。

（四）智能空调系统

1. 温度控制与调度

智能空调系统通过实时监测室内外温度、湿度等参数，进行智能调度，优化空调设备的运行。采用先进的控制算法，系统可以根据建筑的使用情况和环境条件，实现最佳的温度调节，以提高舒适度并降低能耗。

2. 空调设备优化设计

智能建筑中的空调设备通常采用高效率、可调节风速的技术。同时，空调系统还可以与其他系统集成，如照明系统、能源管理系统等，实现综合调度，提高能源利用效率。

（五）绿色屋顶和墙体

绿色屋顶和墙体是一种可持续的建筑设计方式，有助于提高能源利用效率。绿色屋顶可以减少建筑热量吸收，提高建筑的隔热性能。同时，通过墙体的绿化设计，可以降低室内温度，减轻空调系统的负荷。

（六）智能建筑的综合节能策略

为了实现最大程度的节能效果，智能建筑通常采用综合的节能策略。这包括建筑外部设计、能源管理系统、智能控制系统的协同工作，通过数据分析和实时监测，从而实现对能耗的全面管理。

二、智能能源监测系统的优势

随着社会对可持续发展和能源管理的日益关注，智能能源监测系统作为一种先进的技术手段，正逐渐成为各类建筑、工厂和企业的标配。该系统通过实时监测、数据分析和智能控制，能够有效地提高能源利用效率，降低能源消耗，带来多方面的优势。本文将深入探讨智能能源监测系统的优势，涵盖其在节能减排、成本降低、智能决策、设备健康管理等方面的应用。

（一）节能减排

1. 能源消耗实时监测

智能能源监测系统能够实时监测建筑、设备和系统的能源消耗情况，包括电力、水、气等多种能源形式。根据对实时数据的监控，系统能够精确了解能源的使用情况，发现潜在的浪费和异常，进而采取相应措施进行优化。

2. 智能控制与调度

基于监测数据的分析，智能能源监测系统可以实现对能源设备的智能控制和调度。例如，通过智能空调系统的调节，可以根据实时室内温度和外部气象情况，提高空调系统的运行效率，避免能源浪费。

3. 持续优化与改进

系统不仅能够监测当前的能源使用情况，还能通过数据分析和模型预测，为未来的能源需求提供优化建议。通过不断优化和改进，可以实现能源的可持续使用，最大程度地减少碳足迹，为环境保护和可持续发展做出贡献。

（二）成本降低

1. 能源成本监测与管理

智能能源监测系统通过实时监测和分析能源使用情况，能够为建筑或企业提供详细的能源成本信息。通过对能源费用的透明了解，用户可以更精准地管理和控制成本，采取有效的措施降低能源开支。

2. 故障预警与维护成本降低

系统通过监测设备和系统的运行状况，能够及时发现设备的异常和故障。通过预测性维护，提前发现并修复潜在问题，可以有效降低维护成本，避免因设备故障引起的停机损失。

（三）智能决策与优化管理

1. 数据驱动的决策支持

智能能源监测系统通过大量的数据积累和分析，为决策者提供数据驱动的决策支持。系统能够生成详尽的报告和分析结果，帮助管理层更好地了解能源消耗状况，制定合理的节能策略和管理计划。

2. 智能化的能源规划

系统可以根据历史数据和实时监测结果，帮助建筑或企业进行更加智能化的能源规划。通过模拟不同的能源方案，提供最优的能源使用方案，实现整体的能源效益最大化。

（四）设备健康管理

1. 设备状态实时监测

智能能源监测系统不仅能够监测能源的使用情况，还可以实时监测设备的运行状态。通过对设备的健康状况进行实时监控，系统可以发现设备的异常和潜在故障，并提前采取措施，从而延长设备寿命。

2. 数据分析与维护优化

通过对设备运行数据的深入分析，系统可以生成设备的健康报告，评估设备的性能和使用寿命。通过对设备的定期维护和优化，可以降低维护成本，提高设备的可靠性和稳定性。

（五）用户体验与环保形象

1. 用户参与和反馈

通过智能能源监测系统，用户能够更加直观地了解建筑或企业的能源使用情况。通过可视化的界面和实时报告，用户可以参与到能源管理中，提高对能源使用的关注度，促使用户更加节能环保。

2. 公司环保形象的提升

对于企业而言，引入智能能源监测系统不仅能够提升能源利用效率，还可以提升公司的环保形象。这对于满足社会责任感和吸引环保意识较强的客户和员工都具有积极意义。

智能能源监测系统以其实时监测、智能控制、数据分析等特点，为建筑、企业提供了全方位的能源管理解决方案。通过节能减排、成本降低、智能决策和设备健康管理等多个方面的优势，使得其在现代能源管理中得到广泛应用。

随着智能能源监测系统的不断发展，其优势体现得更为明显。首先，系统的数据精准性和实时性为用户提供了全面的能源使用情况，使得能源管理变得更加科学化和高效。其次，通过智能化的控制系统，能够实现对能源设备的精准调控，降低了浪费，提高了能源利用效率。

在成本降低方面，通过对能源费用的详细监测和分析，企业能够更好地掌握能源开支的情况，精细化管理成本。故障预警和设备健康管理的引入，也使得维护成本得到有效控制。企业可以在不影响正常运营的前提下，通过定期维护和优化，减少维护支出，延长设备寿命。

在智能决策与优化管理方面，系统的数据分析和模拟预测能够为企业提供全方位的能源规划，使得能源使用更加合理，整体能源效益得到最大化。这样的智能决策支持系统有助于企业迅速适应市场变化，做出更为科学的决策。

在用户体验与环保形象方面，通过智能能源监测系统的参与，用户可以更加直观地感受到企业的环保努力。公开透明的能源管理情况和环保形象的提升，有助于企业吸引更多注重环保的客户，同时提升员工对企业的认同感。

总体而言，智能能源监测系统的优势在于全面的能源管理和高效的能源利用。通过系统的监测、分析和智能控制，企业能够在降低成本、提高能源利用效率、加强环保形象等多个层面实现全面优化。未来，随着技术的不断创新和系统的不断完善，智能能源监测系统将在能源管理领域发挥更加重要的作用，为可持续发展和绿色建筑贡献更大的力量。企业和建筑管理者应充分认识到智能能源监测系统的优势，积极引入和推广，以实现更加智能、高效和可持续的能源管理。

三、智能建筑能源管理的经济效益分析

随着社会对可持续发展和能源效益的关注不断增加，智能建筑能源管理作为一种先进的技术手段，被广泛应用于建筑行业。通过实时监测、数据分析和智能控制，智能建筑能源管理系统旨在提高能源利用效率、降低能源成本，进而带来显著的经济效益。本文将深入探讨智能建筑能源管理的经济效益，包括成本节省、投资回报、运营效益等多个方面。

（一）成本节省

1. 能源开支的降低

智能建筑能源管理系统通过实时监测和智能控制，能够精准地调整建筑内各项能源设备的运行，减少能源的浪费。比如，智能照明系统可以根据实时光照情况自动调节照明强度，智能空调系统可以根据室内温度和人员活动情况智能调节空调设备。这些措施有助于降低建筑的能源开支，使成本得到有效节省。

2. 维护成本的降低

智能建筑能源管理系统通常配备有设备状态监测和故障预警功能，可以提前发现设备异常，通过预测性维护降低维护成本，设备状态的实时监测可以避免设备突发故障导致的停工和生产损失，维护成本的降低也是经济效益的一部分。

（二）投资回报

1. 投资回收期的缩短

虽然智能建筑能源管理系统的部署可能需要一定的投资，但通过节约能源开支和降低维护成本，这些投资通常会在较短时间内实现回收。投资回收期的缩短是经济效

益的关键指标之一，也是企业选择引入智能建筑能源管理系统的重要考量。

2. 资产增值

智能建筑能源管理系统的应用，使建筑更加智能、高效，提升了建筑的整体价值。建筑的能源管理水平成为影响投资者和租户选择的一个重要因素。因此，通过提高建筑的能源管理水平，不仅能够实现投资回报，还能够提高建筑的资产价值。

（三）运营效益

1. 生产效率提升

对于工业建筑而言，智能建筑能源管理系统可以提高生产设备的运行效率。通过对生产线的能源使用情况进行实时监测和智能调度，系统可以避免能源浪费，提高设备的利用率，进而提升生产效率。

2. 管理效能改善

对于商业和办公建筑而言，智能建筑能源管理系统可以帮助管理人员更好地了解建筑的运行情况，实现对能源的精细管理。通过实时监测和数据分析，管理层可以制定更为科学合理的能源使用策略，提高管理效能。

（四）环保效益

1. 减少碳排放

智能建筑能源管理系统通过降低能源开支，减少不必要的能源浪费，有助于减少建筑的碳排放。这对于企业履行社会责任，提升企业的环保形象具有积极意义。

2. 节能减排的法规合规

在越来越注重环保的社会背景下，政府对于企业节能减排的法规要求逐渐提升。通过引入智能建筑能源管理系统，企业可以更好地满足法规的合规要求，避免因违规而面临的罚款和法律责任。

（五）用户体验与品牌价值

1. 提升用户舒适度

对于商业和住宅建筑，智能建筑能源管理系统的应用可以提升用户的舒适度。通过智能照明、智能空调等系统的调节，满足用户个性化的需要，提高居住和工作的舒适性。

2. 提升品牌价值

企业引入智能建筑能源管理系统，展现了对环保和可持续发展的关注，有助于提升企业的品牌价值。在消费者和投资者心目中，关注能源管理的企业更具有社会责任感，更有可能受到青睐。

第五节　智能建筑数据安全与隐私保护

一、智能建筑数据安全挑战

随着智能建筑技术的迅猛发展，大量传感器、监控设备和智能系统的应用使得建筑变得更加智能化、高效化。然而，与此同时，智能建筑也面临着日益严峻的数据安全挑战。本文将深入探讨智能建筑数据安全的问题，涵盖隐私保护、网络攻击、物联网设备安全等方面的挑战与解决方案。

（一）隐私保护的挑战

1. 个人隐私泄露

智能建筑中涉及大量的传感器和摄像头，用于收集和监测各种数据，包括人们的行为、偏好和活动。如果这些数据未经妥善保护，可能会导致出现个人隐私泄露的风险。例如，居住者的生活习惯、作息时间等信息可能被滥用，引发一系列潜在的隐私问题。

2. 数据共享和交叉分析

智能建筑系统通常需要将数据共享给不同的应用和服务，以实现更广泛的功能。然而，数据共享也可能导致横向分析，通过对不同数据源的交叉分析，获取敏感信息。这对于恶意攻击者来说是一个潜在的隐私风险，所以需要制定有效的隐私保护措施。

（二）网络攻击的威胁

1. 未经授权访问

智能建筑系统通常通过互联网或内部网络进行数据传输和远程控制。这使得系统容易成为网络攻击的目标，可能被黑客未经授权访问。一旦攻击者成功侵入系统，他们就可以获取大量敏感信息，破坏系统正常运行。

2. 恶意软件和病毒攻击

智能建筑系统中的设备和控制器可能成为恶意软件和病毒的攻击目标，这些恶意程序可以通过感染智能设备、控制器或网络来破坏系统的正常运行，导致数据丢失、设备故障或系统崩溃。

（三）物联网设备安全的挑战

1. 默认密码和弱密码

许多物联网设备在制造时使用默认密码或弱密码，使得这些设备容易受到攻击。攻击者可以通过猜测密码或利用设备的漏洞来入侵系统。智能建筑中的大量设备如果未及时更新或强化密码，就可能成为安全漏洞。

2. 固件和软件更新管理

智能建筑中的物联网设备通常运行特定的固件和软件，这些固件和软件可能存在漏洞。然而，因为设备分散且不易更新，固件和软件的更新管理变得复杂。未及时更新可能会导致系统容易受到已知漏洞的攻击。

（四）缺乏标准化的安全协议

1. 标准不一致性

目前，智能建筑领域缺少统一的安全标准，导致各种设备和系统之间的安全协议不一致。这使得难以实现全面的、高效的安全保护措施。标准化的不足可能成为系统安全性的短板。

2. 安全协议的漏洞

即使存在某些安全标准，但安全协议本身可能存在漏洞，被攻击者利用。智能建筑中使用的各种设备和系统可能使用不同的通信协议，其中一些协议可能未经充分测试，容易受到拒绝服务攻击、中间人攻击等威胁。

（五）数据完整性和可用性问题

1. 数据篡改

攻击者可能试图篡改智能建筑系统中的数据，以便误导系统的决策或行为。例如，篡改环境传感器的数据可能导致错误的温度、湿度等环境参数，进而影响系统对于空调、供暖等设备的智能调控。

2. 拒绝服务攻击

拒绝服务攻击是一种常见的网络攻击方式，攻击者试图通过过载系统资源，使其无法正常运行。在智能建筑中，如果系统无法正常工作，将导致设备失去智能控制，影响建筑的正常运行。

（六）解决方案和应对措施

1. 隐私保护

加密与脱敏技术：对敏感数据进行加密，采用脱敏技术处理个人身份信息，以减少隐私泄露的风险。

访问控制和权限管理：设立严格的访问控制和权限管理机制，确保只有授权人员能够访问和处理敏感信息。

2. 网络攻击防护

防火墙和入侵检测系统：部署防火墙和入侵检测系统，监控网络流量，及时发现并阻止潜在的网络攻击。

更新管理和漏洞修复：确保系统及时更新，修复已知漏洞，减少被攻击的风险。

3. 物联网设备安全

强化密码策略：要求使用强密码，并定期更新。确保设备制造商在出厂时已设置了独特的默认密码。

设备管理和监控：使用设备管理平台对物联网设备进行监控和管理，及时检测异常行为。

4. 安全标准与协议

推动标准化：行业组织和政府可以推动建立更加统一和严格的智能建筑安全标准，确保各方遵守统一的规范。

安全协议的优化：不断完善和优化使用的安全协议，确保其具备足够的安全性和防御性。

5. 数据完整性和可用性

数字签名和认证：利用数字签名等技术确保数据的完整性，防止数据被篡改。

备份和容灾计划：设立完善的备份计划和容灾计划，以应对可能的拒绝服务攻击。

智能建筑的发展为建筑管理和生活提供了便利，但同时也带来了日益严峻的数据安全挑战。要保障智能建筑的数据安全，需要综合运用技术手段和管理手段，建立全方位的安全体系。同时，政府、企业和社会各界也应共同努力，加强合作，制定更加完善的法规和标准，推动智能建筑行业的可持续发展，确保数据安全在智能建筑中得到切实保障。

二、数据隐私保护策略

在智能建筑领域，数据隐私保护至关重要，以防止个人隐私的泄露和防范潜在的网络攻击。为了确保数据的安全性和隐私性，需要采取一系列有效的策略和措施。本文将深入探讨数据隐私保护策略，涵盖隐私保护法规遵从、数据加密、权限管理、安全意识培训等多个方面。

（一）隐私保护法规遵从

1. 合规性审查

智能建筑项目应该在设计和实施阶段进行隐私保护法规的合规性审查，了解和遵循相关法规和标准，如《个人信息保护法》《GDPR》等，是确保数据隐私合法、合规的基础。这包括对数据收集、处理和存储的流程进行全面的法规合规性检查，确保项目不会违反相关隐私法规。

2. 隐私政策和用户协议

智能建筑应制定明确的隐私政策和用户协议。这些文件应该清晰地说明数据收集的目的、范围和方式，并明确用户的权利和选择。用户在使用智能建筑服务前，应该明白其个人数据将如何被使用，确保其对数据的掌控权。

（二）数据加密

1. 通信加密

在智能建筑系统中，所有数据在传输过程中应该进行加密，以防止在数据传输的过程中被未经授权的第三方访问或篡改。采用安全的通信协议，如 TLS/SSL，对数据进行端到端的加密，确保数据传输的机密性和完整性。

2. 存储加密

存储在数据库或其他存储介质中的数据应该进行加密保护。通过对数据进行适当的加密，即使数据存储介质被盗取，也难以获取敏感信息。采用强大的加密算法，确保数据在存储和传输中都具备高度的安全性。

（三）权限管理

1. 访问控制

实施严格的访问控制机制，保证只有经过授权的用户可以访问特定的数据。通过基于角色的访问控制（RBAC）或其他身份验证和授权技术，限制对敏感信息的访问权限，降低未经授权访问的风险。

2. 数据最小化原则

遵循数据最小化原则，只收集和使用系统运行所需的最少量信息。减少对个人敏感信息的收集，可以降低数据泄露的风险。同时，及时清理不再需要的数据，减少不必要的数据存储，有助于保持数据管理的简洁性。

（四）安全意识培训

1. 员工培训

对智能建筑系统的运维和管理人员进行定期的安全意识培训是至关重要的。他们需要了解数据隐私的重要性，熟悉隐私保护政策和流程，并知晓如何识别和应对潜在的安全威胁。增强员工对隐私保护的认识，有助于创建一个更加安全的数据管理环境。

2. 用户教育

智能建筑系统的最终用户也需要接受相关的安全教育。用户应该被告知如何使用系统，并了解他们在使用过程中如何保护个人信息，提供清晰的使用指南和隐私教育，帮助用户主动保护自己的数据隐私。

（五）安全审计和监控

1. 审计数据访问

定期进行数据访问的审计，记录数据的访问日志，追踪每次访问的用户和操作。

通过安全审计，可以发现潜在的异常访问和未经授权的数据操作，及时采取措施进行处理。

2. 实时监控和报警

建立实时监控系统，对系统的运行状态、网络流量、用户行为等进行监控。当发现异常活动或潜在的安全威胁时，系统应该能够及时发出报警，通知相关人员采取紧急措施。

（六）安全更新和漏洞修复

1. 及时更新软件和固件

定期对智能建筑系统中的软件、固件进行更新，以及时修复已知的漏洞和安全问题。供应商和制造商应该及时发布更新，并建议用户及时进行安装和升级。这有助于保持系统的安全性，防范潜在的攻击。

2. 安全漏洞响应计划

制定安全漏洞响应计划，明确在发现漏洞时的应急处理措施和责任分工。建立专门的安全团队，负责及时响应漏洞报告，尽快修复潜在的安全隐患，保证系统的稳定和安全运行。

（七）匿名化和脱敏处理

在数据采集和存储过程中，采用匿名化和脱敏处理技术，降低敏感信息的泄露风险，通过对数据中的个人身份信息进行加密、替换或删除，确保即使在数据泄露的情况下，也难以还原出真实的个人身份。

（八）区块链技术应用

区块链技术可以提供去中心化的、不可篡改的数据存储方式，有助于增强数据的安全性和透明性。通过将关键数据记录在区块链上，可以有效防范数据篡改和滥用。

（九）多层次安全防护

建立多层次的安全防护体系，包括网络防火墙、入侵检测系统（IDS）、入侵防御系统（IPS）等。这样的安全措施可以构成一个复杂的保护层次，增加攻击者入侵的难度。

（十）合作伙伴和供应链安全

确保在与合作伙伴和供应链的数据共享过程中，也要遵循相同的隐私保护标准和安全协议。审查合作伙伴的安全措施，防范通过供应链环节的攻击。

在智能建筑领域，数据隐私保护是一个综合性的系统工程，需要全方位、多层次的安全措施。通过遵守隐私法规、加密通信和存储、有效的权限管理、安全意识培训等策略，可以有效降低数据泄露和网络攻击的风险。此外，结合新兴技术如区块链，以及建立完善的安全更新和漏洞响应计划，可以提升智能建筑系统的整体安全水平。在不断演变的威胁环境中，保护智能建筑中的数据安全将是一个紧迫而不断发展的挑战。企业和组织应该始终保持警觉，采用最新的安全技术和最佳实践，确保智能建筑系统的稳定、安全和可持续发展。

三、安全与隐私保护的法规合规性

在信息技术迅猛发展的时代，随之而来的是个人信息的大量产生和传播。为了保护公民的合法权益，中国制定了一系列法规和政策，旨在确保安全与隐私的合规性。本文将分析中国安全与隐私保护的法规合规性，并深入了解相关法律框架，探讨其对企业和个人的影响。

（一）法规体系概述

中国的安全与隐私保护法规主要体现在《个人信息保护法》《网络安全法》《电信法》等一系列法规中，这些法规共同构成了中国信息安全与隐私保护的法律框架，旨在维护公民的隐私权、个人信息安全和国家网络安全。

1. 个人信息保护法

《个人信息保护法》是中国于 2021 年颁布的一项重要法规，全面规范了个人信息的收集、处理、使用、传输和披露。法规规定了个人信息处理主体的义务和权利，强调了明示同意原则、目的明确原则等基本原则，为保护个人信息提供了法律保障。

2. 网络安全法

《网络安全法》于 2017 年颁布实施，旨在保障网络安全，防范网络攻击和泄露风险。该法规规定了网络基础设施的保护要求，强调网络运营者的责任和义务，明确了跨境数据传输的要求，保障关键信息基础设施的安全。

3. 电信法

《电信法》主要涉及电信业务的管理和监管，其中包括对通信隐私的保护。法规规定了电信业务经营者对用户通信隐私的保密责任，禁止非法窃听、监视和获取用户通信信息，以确保用户通信的安全性和隐私。

（二）合规性要求与企业责任

1. 合规性要求

根据相关法规，企业需要按照法律的规定，确保个人信息的合法、正当、必要的原则，明示告知个人信息的收集目的、方式和范围，并在收集前取得用户的明示同意。同时，企业要采取合理的技术和管理措施，保障个人信息的安全性。

2. 企业责任

企业在个人信息的处理中承担着重要的法律责任。首先，企业应建立健全的个人信息保护制度，明确相关责任人和管理流程。其次，企业需要进行安全风险评估，采取适当的安全措施，防范个人信息泄露、损毁和丢失。最后，企业要创立个人信息安全事件应急响应机制，及时有效地应对个人信息安全事件。

（三）个人权益保护与隐私维护

1. 个人权益保护

相关法规强调个人的知情权、选择权、访问权、更正权等权利，个人有权掌握自己的个人信息，拥有对其信息的掌控权。法规规定，个人信息处理主体应当在个人信息的收集、使用等过程中尊重和保障个人的权益，确保信息的准确性和安全性。

2. 隐私维护

为了保护个人隐私，法规规定了个人信息的最小化原则，即企业在收集个人信息时，应当根据实际需要，采取合理、必要的手段，最大限度地降低个人信息的收集和使用。此外，法规还规定了个人信息的安全保护措施，要求企业采取技术措施和管理措施，防范个人信息泄露和滥用。

（四）监管与处罚机制

中国设立了相关的监管机构，负责个人信息保护和网络安全的监督管理。监管机构有权对违反法规的企业进行调查、处罚，并公布违法行为，以强化法规的执行力度。违法行为可能面临的处罚包括罚款、责令停业整顿、吊销经营许可证等，以确保法规的有效执行。

（五）挑战与展望

尽管中国已经建立了较为完善的法规框架，但在实际执行中仍然面临一些挑战。其中包括个人信息泄露事件频发、企业合规意识不强等问题。未来，中国有望通过不断完善法规、提升监管力度、加强企业自律等手段，进一步提升安全与隐私保护的法规合规性。

中国安全与隐私保护的法规合规性在不断完善中，相关法规为个人信息的合法、安全处理提供了明确的法律依据，企业应当认真履行法定义务，保障用户的个人信息安全和隐私权益，同时加强内部管理，提高个人信息保护的法规合规性。随着社会的不断发展和技术的日新月异，保护个人信息安全与隐私已经成为国家、企业和个人共同关注的重要问题。

第七章 智能建筑与城市规划

第一节 智能建筑对城市规划的影响

一、智能建筑与城市景观的融合

（一）概述

随着科技的迅猛发展和城市化进程的不断推进，智能建筑与城市景观的融合成为当今城市规划和设计的重要议题。这一融合不仅是技术的整合，而且是对城市生活品质提升和可持续发展的追求。本文将深入探讨智能建筑与城市景观融合的背景、意义以及实现方式。

（二）智能建筑与城市景观的定义

1. 智能建筑

智能建筑是一种运用先进技术实现自动化、信息化和智能化的建筑形式，通过传感器、互联网、人工智能等技术手段，智能建筑可以实现对环境的实时监测和调控，提高建筑的能源利用效率、舒适性和安全性。

2. 城市景观

城市景观是城市空间中自然和人工元素的有机组合，包括但不限于公园、广场、绿道、雕塑等。城市景观的设计和规划影响着城市居民的生活质量和城市形象。

（三）智能建筑与城市景观融合的意义

1. 提升城市形象

智能建筑的引入赋予城市更为现代化和科技感的外观，与城市景观融合可以创造出更具吸引力和独特性的城市形象，提高城市的整体美感。

2. 优化城市功能

通过智能建筑的技术手段，城市功能可以得到更为精细的优化。例如，在商业区域引入智能化管理系统，提升交通流畅度和公共服务效率，进一步提高城市的宜居性。

3. 节能减排与可持续发展

智能建筑的节能特性有助于降低能源的浪费，而与城市景观的融合可以通过植绿、减少城市热岛效应等方式，共同推动城市的可持续发展。

（四）实现智能建筑与城市景观融合的方式

1. 智能建筑技术在城市景观中的应用

通过在城市景观中嵌入智能建筑技术，例如可调光照明、智能垃圾分类系统等，使得城市的公共空间更具智能性和互动性，提升市民的体验感。

2. 智能城市规划与设计

在城市规划和设计中，充分考虑智能建筑的技术特性，结合城市景观的要素，打造智慧城市的空间布局，使得城市建筑与景观相互补充，形成和谐的城市风貌。

3. 公众参与与社区建设

通过引导公众参与城市景观的规划和建设，促进社区内部的智能建筑和景观相互融合。这不仅能够满足居民的需求，还能够增强社区凝聚力。

（五）挑战与未来展望

1. 挑战

智能建筑与城市景观融合面临着技术、管理、隐私等方面的挑战。如何平衡技术发展与社会可接受性，是一个需要认真考虑的问题。

2. 未来展望

随着人工智能、物联网等技术的不断创新，智能建筑与城市景观的融合将更加深入。未来，我们可以期待更多先进技术的应用，以实现城市的智能化、绿色化和可持续发展。

智能建筑与城市景观的融合是城市发展中的重要方向，它既能够提升城市形象和品质，又能够促进城市功能的优化与提升，通过技术创新、规划设计以及社会参与，我们有信心迎接智能建筑与城市景观融合带来的新时代。这不仅是对城市发展的推动，而且是对未来城市生活的精彩展望。

二、城市功能与智能建筑的互动关系

城市作为人类社会发展的重要空间载体，其功能的发展和智能建筑的崛起之间存在着紧密的互动关系。城市功能的提升需要智能建筑的支持和引领，而智能建筑的发展又在很大程度上受制于城市的需求和发展方向。本文将深入探讨城市功能与智能建筑的互动关系，从城市规划、交通管理、公共服务等多个角度进行分析。

（一）城市功能的多元发展

1. 经济功能

城市是经济活动的中心，商业、金融、产业等都在城市中繁荣发展。城市需要拥有灵活的空间布局和智能化的建筑支持，以适应不断变化的经济需求。

2. 生活功能

城市是人们居住、生活的地方，提供舒适、安全、便捷的生活环境是城市功能的基本要求。智能建筑可以通过自动化系统、智能家居等手段，提升居民的生活品质。

3. 文化功能

城市是文化传承和创新的场所，需要有博物馆、图书馆、艺术中心等文化设施。智能建筑的设计可以为这些设施提供更加灵活的展示和服务方式，创造更有活力的文化环境。

4. 社会功能

城市是社会交往的集聚地，包括社交活动、公共空间等。智能建筑可以通过智能化系统提高城市的安全性，为社会交往提供更好的环境。

（二）智能建筑对城市功能的支持

1. 提高城市能源效率

智能建筑通过能源管理系统、智能照明等技术，可以实现对城市能源的精细化管理，提高能源利用效率，从而支持城市的可持续发展。

2. 增强城市安全性

智能建筑在安防系统、火灾预警、应急救援等方面的应用，可以有效增强城市的安全性，提供更加可靠的保障。

3. 优化城市交通

智能建筑与智能交通系统的结合，可以实现交通流量的智能调度、停车位的实时监测等，为城市交通管理提供更为精准的数据支持。

4. 提升城市治理效率

通过智能建筑的信息化和自动化特点，有助于城市管理部门更有效地进行城市规划、资源分配和环境监测，提升城市治理效率。

（三）城市功能发展对智能建筑的需求

1. 灵活的空间布局

城市功能的多元发展需要建筑空间具有灵活性，能够适应不同功能需求的变化。智能建筑的设计应当考虑到多功能空间的需求，通过可调节的结构和设备，实现空间的多元化利用。

2. 可持续发展需求

随着城市可持续发展理念的普及，对建筑节能、环保、绿色建筑等要求日益提高。智能建筑可以通过智能能源管理、绿色建材的应用等方式，满足城市对可持续发展的需求。

3. 数据互联共享

城市功能的发展需要大量的数据支持，而智能建筑作为信息感知的重要载体，应当具备数据的互联和共享能力，建筑物之间、建筑与城市设施之间的信息交流，有助于更好地支持城市功能的发展。

（四）智能建筑与城市功能的创新融合

1. 智能城市规划

智能城市规划是城市功能与智能建筑的有机融合的重要方向。通过引入先进的智能技术，包括大数据分析、人工智能、物联网等，实现城市的智能化设计和规划，使得城市功能更具前瞻性和灵活性。

2. 智慧交通系统

将智能建筑与交通系统相连接，实现信息的共享和互动。通过交通流量数据、建筑智能化系统的集成，可以实现更为智能的城市交通规划和管理，提升交通效率。

3. 智能化社区建设

智能建筑可以融入社区管理，提升社区内部的服务水平和生活品质。例如，通过智能家居系统，社区居民可以享受到更加便捷、安全、节能的生活。

第二节　智能城市与智能建筑的融合

一、智能城市概念与特征

（一）概述

智能城市作为城市发展的新模式，借助先进的科技手段，通过信息化、互联网、大数据等技术的应用，以提升城市管理效率、改善居民生活质量为目标。本文将深入探讨智能城市的概念、特征以及对城市发展的影响。

（二）智能城市的概念

1. 定义

智能城市是指借助先进的信息技术和通信技术，将城市的各个方面进行互联互通、智能化管理和优化运行，实现高效、便捷、可持续发展的城市形态。

2. 核心理念

信息智能：利用信息技术，实现城市各要素之间的互通共享，提高城市信息化水平。

网络互联：通过高度互联的网络，连接城市各个子系统，形成系统化的城市运行体系。

智能决策：运用大数据和人工智能技术，优化城市资源配置，提升决策效率。

（三）智能城市的特征

1. 城市信息化

智能城市的首要特征是信息化。通过数字化和网络化技术，实现城市信息的全面收集、传输和共享，促进城市各个层面的数据实现互通。

2. 智能交通系统

智能城市注重交通系统的智能化，通过车联网、智能交通信号灯、实时交通监测等技术，提高交通效率，减少交通拥堵。

3. 智能能源管理

智能城市致力于建设智能能源系统，包括可再生能源的利用、能源储存技术、智能家居的能源管理等，以实现城市的能源高效利用。

4. 智能环境监测

利用传感器和监测技术，智能城市可以实时监测空气质量、水质、噪音等环境参数，有针对性地进行环境管理和改善。

5. 智能城市治理

智能城市治理强调利用信息技术优化城市管理，包括城市安全监测、灾害预警、智能城市规划等方面，提升城市的整体治理水平。

6. 数字化城市服务

智能城市强调数字化服务，包括智能支付、电子政务、智能医疗等，提升居民的生活便利性和城市服务水平。

（四）智能城市对城市发展的影响

1. 促进城市创新

智能城市鼓励科技创新，推动新技术、新业态的发展，激发城市的经济创新力，增强城市竞争力。

2. 提高城市运行效率

通过智能化管理和决策系统，促使城市的各个方面实现高效协同，提高运行效率，减少资源浪费。

3. 改善居民生活质量

智能城市通过提供数字化服务、智能交通、智能安防等方面的便利，改善了居民的生活品质，提升了居住体验。

4. 优化城市空间布局

通过数字化城市规划和智能化交通系统，智能城市能够更好地优化城市空间布局，提高土地利用效率。

5. 增强城市可持续发展

智能城市注重能源的智能管理、环境监测和绿色交通系统的建设，有助于推动城市可持续发展，降低对环境的负担。

二、智能建筑在智能城市中的角色

（一）概述

随着科技的不断发展，智能建筑在智能城市中扮演着日益重要的角色。智能建筑通过融合先进的技术，使建筑更加智能化、绿色化，为城市提供更高效、便捷、可持续的生活环境。本文将深入探讨智能建筑在智能城市中的角色，包括其在城市规划、能源管理、环境保护、社会互动等方面的应用。

（二）智能建筑在城市规划中的角色

1. 引领城市发展方向

智能建筑在城市规划中起到引领作用，通过创新性的设计和技术应用，塑造了现代城市的形象。其高效、绿色、智能的特性成为城市规划的新趋势，对城市整体发展方向产生积极影响。

2. 增强城市可持续性

智能建筑的可持续性设计考虑了能源效率、环境保护和社会责任等方面，为城市规划提供了更为科学和综合的思路。通过智能建筑的引入，城市规划更加重视在可持续的基础上实现城市的发展。

3. 创造宜居城市环境

智能建筑通过提供更舒适、安全、便利的居住和工作环境，为城市规划营造宜居城市环境提供了有力支持，智能建筑的设计考虑了居民的生活体验，从而为城市创造更高品质的居住环境。

（三）智能建筑在能源管理中的角色

1. 节能减排

智能建筑在能源管理中的关键角色之一是通过智能化的系统，实现对能源的更加有效的管理。智能照明、智能空调等系统的智能调控，能够显著减少能源的浪费，降低碳排放，为城市的可持续发展做出贡献。

2. 可再生能源的整合

智能建筑通过整合可再生能源，如太阳能、风能等，实现对可再生能源的最大化利用。这种整合不仅降低了城市的能源依赖度，还推动了可再生能源产业的发展。

3. 智能能源管理系统

智能建筑引入智能能源管理系统，通过实时监测能源使用情况，提供数据支持城市对能源的合理分配和利用。这有助于城市更加智能地应对能源需求的变化。

（四）智能建筑在智能城市中的角色

1. 智能建筑对城市基础设施的优化

智能建筑在智能城市中扮演着基础设施的重要组成部分。通过智能化技术，建筑可以更好地适应城市的需求，实现能源、水资源、空间等基础设施的优化利用。能源效率提升：智能建筑利用先进的能源管理系统，通过实时监测和控制能源消耗，实现能源的高效利用，降低城市的能源浪费。

智能水资源管理：水资源是城市中不可或缺的一部分，智能建筑可以通过智能化系统，实现水资源的智能分配、用水效率的提高，从而减缓城市面临的水资源压力。

空间灵活利用：智能建筑设计可以更好地满足城市的空间需求，例如可伸缩的布局、智能储物系统，使得城市空间更加灵活多样。

2. 智能建筑与智慧交通的融合

智慧交通是智能城市的重要组成部分，而智能建筑在智慧交通中发挥着关键的作用。通过与交通系统的互联互通，智能建筑可以实现以下方面的优化：

交通流量控制：智能建筑通过与智慧交通系统的数据共享，可以预测和控制周边交通流量，避免拥堵，提高交通的流畅性。

智能停车管理：智能建筑可以配备智能停车系统，为车辆提供智能化的停车指引和管理服务，减少城市停车难题。

3. 智能建筑在社区生活中的影响

在智能城市中，社区生活质量的提高是一个重要目标，而智能建筑通过提供更智能、舒适的生活环境，对社区生活产生积极影响：

智能家居系统：智能建筑中的智能家居系统可以实现居民对居住环境的智能控制，包括温度、照明、安防等，提高了居住的舒适性。

社区能源管理：智能建筑通过社区能源管理系统，实现对能源的智能化监测和控制，提高能源利用效率，减少对环境的影响。

4. 智能建筑与社会互动的推动

智能建筑在智能城市中也推动了社会互动的提升。通过智能化系统，建筑与城市居民、政府等各方可以进行更紧密的互动：

社会参与平台：智能建筑可以成为社区居民参与城市规划、管理的平台，通过智能社区系统，居民可以更直接地表达需求、参与决策。

城市信息共享：智能建筑通过与城市信息系统的互联，可以及时分享城市信息，提高居民对城市动态的了解，推动城市的共建共享。

三、智能城市与建筑的联动发展

（一）概述

智能城市与建筑的联动发展是当今城市化进程中的一项重要趋势。随着科技的不断创新，城市的建设与管理日益迎合智能化的方向。本文将深入探讨智能城市与建筑之间的紧密关系，分析二者在联动发展中的相互影响与互补作用。

（二）智能城市与建筑的关系

1. 智能城市的概念

智能城市是基于信息通信技术的全新城市模式，通过数字化、智能化的手段，实现城市资源的高效利用、管理的智能化、居民生活的便利化等目标。智能城市的核心在于利用先进技术来提升城市治理效能、优化资源配置，进而创造更智慧、可持续的城市生活。

2. 智能建筑的概念

智能建筑是指通过先进的信息技术、自动化技术和网络通信技术，使建筑在设计、施工、运行和维护等各个环节实现智能化管理的建筑形态。智能建筑以提高建筑的运行效率、减少资源浪费、提升居住者生活质量为目标。

3. 智能城市与建筑的融合

智能城市与建筑之间的关系是相辅相成、相互促进的，智能城市的建设需要建筑的智能支持，而智能建筑的应用也离不开智能城市的支持。二者的融合体现以下在多个方面：

信息共享与互联：智能建筑通过传感器、物联网等技术，与智能城市信息系统互联，实现城市数据的实时共享，为城市决策提供科学依据。

智能交通与建筑设计：智能城市中的交通系统与建筑设计相互影响，例如，智能建筑需要考虑交通流量对建筑的影响，而智能交通系统可以通过建筑信息优化交通流动。

能源管理的协同：智能城市通过能源管理系统实现对城市能源的智能控制，而智能建筑的节能设计和智能设备则为整个城市能源系统提供支持。

（三）智能城市与建筑的联动发展特征

1. 信息化基础设施的建设

智能城市建设需要先进的信息化基础设施，而这一基础设施的一部分就是智能建筑。建筑内部的传感器、网络连接等设备为城市数据的采集提供了基础。

2. 数据驱动的城市管理

智能城市建设注重数据的采集、分析和利用。智能建筑通过内置的传感器和监控设备，为城市提供大量实时数据，为城市管理决策提供支持。

3. 跨领域的协同效应

智能城市和建筑之间的协同发展导致了跨领域的协同效应，城市中的各类建筑通过信息的互通，实现了更高效的资源利用和更智能的服务提供。

4. 生态环境与建筑的和谐发展

智能城市的发展注重生态环境的保护与建筑的和谐发展。智能建筑通过绿色设计、智能能源管理等手段，为城市提供了更为环保、可持续的发展模式。

（四）智能城市与建筑的联动对城市的影响

1. 城市运行效率的提升

智能城市与建筑的联动使得城市的运行效率得到显著提升。通过利用数据的实时监测和智能控制，城市的交通、能源、水资源等各方面得以更加高效地管理。

2. 居民生活质量的改善

智能建筑的应用使得居民的生活变得更加便利、舒适。智能城市中的建筑通过智能化的家居设备、智能社区服务等，为居民提供更智能的生活体验。

3. 可持续发展的推动

智能城市与建筑的联动有助于推动城市的可持续发展。智能建筑的节能设计、智能能源管理等特征有助于减少城市对资源的过度消耗，实现城市发展的可持续性。

4. 城市治理的创新

智能城市的建设对城市治理提出了更高的要求，而智能建筑的应用则为城市治理的创新提供了基础。通过数字化的手段，城市管理可以更精准、高效地进行。

智能城市与建筑的联动发展是城市化进程中的必然趋势。二者相互依存、相互促进，共同推动了城市发展的新阶段。在克服隐私与安全问题、统一技术标准、提升社会接受度等挑战的同时，未来智能城市与建筑的联动将迎来更广阔的发展空间，为创造更宜居、智能、可持续的城市生活做出更为显著的贡献。

第三节　智能建筑与城市可持续发展的关系

一、智能建筑对环境的影响与可持续性

（一）概述

随着科技的飞速发展，智能建筑作为一种融合先进技术的新型建筑形式，逐渐成为城市发展的重要组成部分。智能建筑以其高效、便捷、节能的特点，对环境产生了深远的影响，并在可持续性发展方面发挥着重要的作用。本文将探讨智能建筑对环境的影响以及其在可持续性方面的贡献。

（二）智能建筑的节能特点

1. 智能能源管理系统

智能建筑通过引入先进的能源管理系统，实现对建筑能源的精准监控和调节。智能传感器、自适应照明系统、智能温控等技术的应用，有效地降低了能源的浪费，提高了能源利用效率。

2. 绿色建材的应用

智能建筑在建设过程中更加重视绿色建材的选择，这些材料不仅具有较低的环境影响，还有助于提高建筑的节能性能。通过使用可再生材料和降低建筑过程中的碳足迹，智能建筑在建设阶段就为可持续性发展奠定了基础。

（三）智能建筑对环境的影响

1. 节约能源减排

智能建筑通过优化能源利用，减少浪费，降低建筑运行过程中的能耗，从而减少温室气体的排放。这有助于应对气候变化，降低城市的碳足迹，为环境保护作出贡献。

2. 智能废物管理

智能建筑引入智能废物管理系统，实现对废弃物的高效处理和资源回收利用。这不仅减少了对自然资源的需求，还降低了废弃物对环境的污染，促进了建筑行业向可持续方向的转变。

3. 空气质量改善

智能建筑通过智能通风系统、空气净化技术等手段，提高室内空气质量，创造更健康、舒适的室内环境。这有助于改善城市的空气质量，减少空气污染对人体健康的影响。

（四）智能建筑的可持续性贡献

1. 城市可持续发展

智能建筑的推广应用有助于城市可持续发展。通过建筑的高效运行和资源利用，提升城市整体的环境质量，促进经济、社会和环境的协调发展。

2. 社会效益提升

智能建筑的可持续性贡献不仅体现在环境层面，还能为社会带来诸多好处。提高建筑的舒适性、安全性和可用性，改善居民生活质量，推动城市社会的可持续发展。

3. 技术创新推动

智能建筑的发展促进了建筑科技的不断创新，在智能化、信息化的推动下，建筑行业逐渐转向更加智能、绿色的方向，为可持续性发展提供了技术支持和新的发展方向。

（五）智能建筑面临的挑战与未来展望

1. 技术标准与规范

智能建筑的发展还面临着技术标准和规范的不足，这可能导致系统兼容性、安全性等问题。未来需要建立更为完善的标准体系，促进智能建筑技术的规范化发展。

2. 投资与成本

虽然智能建筑在长期运行中可以降低能耗和运维成本，但初期投资仍然较高，成本回收周期相对较长。政府、企业和社会需要共同努力，制定支持政策，降低智能建筑的投资门槛。

3. 教育与培训

智能建筑需要专业人才的支持，包括设计、施工、运维等各个方面。因此，和建筑相关的教育与培训需要不断完善，以满足行业的发展需求。

未来，随着智能建筑技术的不断成熟和社会对可持续发展的日益重视，智能建筑将在环境保护和可持续性方面发挥越来越重要的作用。

二、绿色建筑与城市生态系统的融合

（一）概述

随着城市化进程的不断推进，城市面临着日益严峻的环境问题，如空气污染、水资源短缺、生态系统破坏等。在这一背景下，绿色建筑作为一种可持续发展的建筑理念逐渐崭露头角。绿色建筑不仅强调节能减排，还重视与城市生态系统的融合，通过创新设计和科技手段，实现建筑与自然的和谐共生。本文将探讨绿色建筑与城市生态系统的融合，分析其对城市可持续性的影响。

（二）绿色建筑的概念与特征

1. 绿色建筑的概念

绿色建筑是一种以环境友好、资源节约、能源高效为原则的建筑设计和施工理念。其目标是通过整合设计、建筑材料和技术，最大限度地降低对环境的不良影响，提升建筑的可持续性。绿色建筑不仅考虑建筑本身的性能，还注重与周围环境和城市生态系统的协同作用。

2. 绿色建筑的特征

绿色建筑具有多方面的特征，其中包括但不限于以下几点：

节能减排：采用高效的建筑外壳、先进的供暖、通风和空调系统，以及可再生能源等手段，降低能源消耗和二氧化碳排放。

资源循环利用：采用可再生材料和可回收材料，减少建筑废弃物的产生，并实现资源的循环利用。

自然光与通风：通过合理布局建筑，最大限度地利用自然光和通风，减少对人工照明和空调的依赖。

绿色屋顶与墙面：引入绿色屋顶和墙面，增加植被覆盖，改善城市热岛效应，提高空气质量。

智能系统应用：利用智能技术，实现建筑设备的智能控制，提高能源利用效率，降低运营成本。

（三）绿色建筑与城市生态系统的融合

1. 生态系统服务的整合

绿色建筑的设计理念强调与城市生态系统的融合，通过模拟自然生态系统，提供类似的生态系统服务。例如，建筑设计中可以考虑模拟森林的结构，引入植被覆盖和水体，以提供空气净化、温度调节等服务，有助于改善城市环境。

2. 生态通道的构建

绿色建筑不仅是孤立的建筑单体，还应考虑与周围环境的连接。在城市规划和建筑设计中，可以构建生态通道，将绿色建筑与城市的绿地、湿地等生态要素相连，形成一个生态网络。这有助于促进城市的生态系统流动，维持生物多样性，提高城市可持续性。

3. 微气候调节

绿色建筑的设计还应考虑其对周围微气候的影响，通过科学合理的建筑布局和绿化设计，可以减缓城市热岛效应，改善城市气候环境。此外，通过引入水体、绿化覆盖等手段，还能够调节降雨过程，减轻城市内涝问题。

（四）绿色建筑对城市可持续性的影响

1. 能源效益与经济效益

绿色建筑的节能减排特征使其在能源效益方面具有显著优势。通过采用先进的建筑技术和智能系统，可以降低建筑的能耗，减少对传统能源的依赖。这不仅有利于环境保护，还能够在长期运营中降低能源费用，带来经济效益。

2. 社会健康与居住舒适度

绿色建筑注重提供良好的室内环境质量，包括自然采光、新鲜空气供应等。这对居住者的健康和舒适度有积极影响，良好的室内环境有助于提高居住者的工作效率和生活质量，从而促进社会的可持续发展。

3. 环境保护与生态平衡

绿色建筑通过采用可再生材料、推动废弃物的循环利用等手段，有助于减少对自然资源的过度开发。与城市生态系统的融合更是为生物多样性的维持创造了条件。生态通道的构建和绿色建筑的整合有助于城市生态系统的稳定运行，为城市提供了更为可持续的发展路径。

4. 城市空间的优化与景观提升

绿色建筑的引入使城市空间更加多样化、宜居化。通过绿化屋顶、立面和公共空间，城市景观不仅更加美观，还能提高居民的生活质量。这种城市空间的优化有助于改善人们的生活体验，促进社会的和谐发展。

5. 建筑循环利用与资源节约

绿色建筑的特征之一是注重资源的循环利用。通过使用可再生材料和推动建筑废弃物的再利用，绿色建筑减少了对有限资源的依赖，有助于建立更为可持续的资源利用模式。这种循环利用的理念也为未来城市的可持续性提供了可行的解决方案。

6. 社区参与与教育推动

绿色建筑的推广离不开社区的参与和居民的理解。通过与社区合作，建筑师和设计师可以更好地满足当地居民的需求，保障绿色建筑在实际应用中能够发挥最大效益。同时，推动绿色建筑的教育工作也是关键，培养公众对可持续建筑的认知，促进可持续生活方式的普及。

7. 技术创新与智能系统应用

绿色建筑的发展离不开科技的支持。通过不断的技术创新，绿色建筑可以更好地满足不同城市环境的需求。智能系统的应用，如智能照明、智能空调等，使建筑能够更加智能化、高效化，进一步提高能源利用效率。

8. 应对气候变化的挑战

随着气候变化日益加剧，绿色建筑的可持续性在城市规划和发展中变得更为重要。

通过减少碳排放、提高城市韧性、降低能源消耗等手段，绿色建筑为城市应对气候变化的挑战提供了有效的解决途径。

总体而言，绿色建筑与城市生态系统的融合是一种积极的发展趋势。通过采用绿色建筑理念，城市不仅可以降低环境影响，提高资源利用效率，还能够改善居民的生活质量，推动社会的可持续发展。在未来的城市规划与建设中，绿色建筑将发挥越来越重要的作用，为城市的可持续性发展提供有力支持。

三、智能建筑与城市可持续性目标的协同推进

（一）概述

随着城市人口不断增长和全球资源日益有限，城市可持续性成为当今城市规划与建设的核心目标之一。智能建筑作为新兴的建筑理念，以其在能源利用、环境保护和生活品质方面的潜力引起了广泛关注。本文将深入探讨智能建筑与城市可持续性目标之间的协同推进关系，探讨智能建筑如何在节能减排、社会和谐、经济繁荣等方面助力城市可持续发展。

（二）智能建筑的概念与特征

1. 智能建筑的概念

智能建筑是指通过先进的技术手段，如物联网、人工智能、大数据等，实现建筑内外各系统的智能化管理和协同运作的建筑。其目标是提高建筑的能源效率、提升居住者的生活质量、降低运营成本，进而推动建筑行业向更加可持续的方向发展。

2. 智能建筑的特征

智能建筑具有多方面的特征，包括但不限于以下几点：

智能能源管理：通过实时监测和智能调控，最大限度地提高能源利用效率，减少能源浪费。

自适应环境控制：利用先进的空调、采光、通风系统，实现建筑内部环境的自动调节，提供更加舒适的居住体验。

数据驱动决策：通过收集和分析大量数据，优化建筑运营和维护，提高建筑系统的整体性能。

智能安全管理：运用智能安防系统，加强对建筑及其周边环境的监控，提高建筑的安全性。

（三）智能建筑与城市可持续性目标的协同推进

1. 节能减排

智能建筑在节能减排方面发挥着重要作用。通过智能能源管理系统，建筑可以根

据实时的能源需求智能调整供暖、制冷、照明等系统的运行状态，实现能源的高效利用。智能建筑还可以采用可再生能源，如太阳能、风能等，降低对传统能源的依赖，从而减少温室气体排放，助力城市实现低碳目标。

2. 资源循环利用

智能建筑强调材料和资源的可持续利用。通过采用可再生材料、推动建筑废弃物的再利用，智能建筑有助于减少对有限资源的消耗。智能建筑的设计理念还包括建筑的可拆卸性，使得建筑元件能够更好地被回收和再利用，实现建筑生命周期内的资源循环利用。

3. 空间优化与智慧城市建设

智能建筑的推进也促使城市规划朝着智慧城市方向发展。通过智能建筑的数据共享与互联，城市各个部分可以更好地协同工作，提高整体规划效率。智能建筑的空间优化设计有助于城市合理用地，减少建筑密度对生态环境的冲击，促进城市朝着更加可持续的方向发展。

4. 社会和谐与居住舒适度

智能建筑通过提供更为智能、便捷、舒适的居住环境，有助于改善居民的生活质量，促进社会和谐。例如，智能建筑可以通过人工智能系统学习居民的生活习惯，智能调整室温、照明等，为居民提供更个性化的居住体验。这有助于增强社区凝聚力，提高居民对城市的归属感。

5. 经济发展与就业机会

推动智能建筑的发展不仅有助于提高城市的可持续性，还为城市创造了新的经济增长点，智能建筑的设计、制造、运营和维护涉及多个领域，为相关产业带来了发展机遇。同时，智能建筑的推广也需要专业技术人才，为城市创造了更多的就业机会。

6. 灾害防治与城市韧性提升

智能建筑的智能安防系统不仅提高了建筑本身的安全性，还有助于城市在自然灾害等突发事件中的防范和应对。通过智能感知、预警系统，城市可以更加快速、有效地做出反应，提升城市的韧性。例如，智能建筑的火灾预警系统、地震感知系统等可以在灾害发生前提前发出警报，提高居民疏散的时间，减少灾害对城市的影响。

7. 数据安全与隐私保护

随着智能建筑的发展，数据的收集、传输和处理成为不可忽视的问题。城市可持续性目标需要在智能建筑的推进中确保数据的安全和隐私保护。采用先进的加密技术、严格的数据管理制度，以及透明的隐私政策，是确保智能建筑系统安全可靠的关键。

8. 社区参与与教育推动

智能建筑的成功推广需要社区居民的积极参与和理解。通过社区教育、培训和沟通，可以帮助居民更好地理解智能建筑的好处，并参与到智能建筑的设计和使用中。社区的参与不仅有助于解决实际问题，还增强了城市可持续性目标的实施力度。

9. 智能建筑的投资回报

虽然智能建筑在提高城市可持续性方面具有巨大潜力，但其投资和建设成本也是一个不可忽然的问题。政府、企业和投资者需要权衡投资与回报的关系，鼓励并支持智能建筑的发展。制定合理的政策和激励措施，鼓励企业采用智能建筑技术，将有助于更广泛地推动智能建筑与城市可持续性目标的协同推进。

（四）智能建筑面临的挑战与未来发展趋势

1. 技术标准和互操作性

目前，智能建筑领域存在着多样化的技术标准和互操作性问题。不同的智能建筑系统之间缺乏通用的标准，导致了系统集成的困难。未来，建立统一的技术标准和提高智能建筑系统的互操作性，将有助于更好地推动智能建筑与城市可持续性目标的协同推进。

2. 能源供应的可持续性

智能建筑对能源的需求较大，如保障能源供应的可持续性是一个重要的问题。发展可再生能源、提高能源利用效率，以及建立智能能源网络，将有助于解决智能建筑对能源的依赖性，促进可持续发展。

3. 数据安全和隐私问题

随着智能建筑中数据的不断积累，数据安全和隐私问题成为亟待解决的挑战。未来需要建立健全的数据安全法规和隐私保护机制，确保智能建筑系统的安全运行，并保护居民的个人隐私权。

4. 成本和投资回报

智能建筑的建设和维护成本相对较高，这可能会限制其在一些地区的推广，政府和企业需要共同努力，制定激励政策，提供资金支持，降低智能建筑的投资门槛，以促进其更广泛的应用。

5. 智能建筑的社会接受度

智能建筑的推广还面临着社会接受度的挑战。人们对新技术的不熟悉和对隐私的担忧可能导致智能建筑在社区中遇到一些阻力。因此，推广智能建筑需要更多的教育和宣传工作，提高社会对智能建筑的认知和接受度。

充分认识智能建筑与城市可持续性目标的协同推进关系，解决相关的挑战，努力推动智能建筑在城市建设中的更广泛应用，将为人类社会的可持续发展注入新的活力。

第四节　智能建筑在城市更新中的角色

一、智能建筑与城市更新的紧密关系

城市更新是城市发展的重要手段，而智能建筑作为现代建筑技术的代表，与城市更新有着紧密的关系。智能建筑在城市更新中发挥着积极作用，不仅提升了城市建设的科技水平，还推动了城市可持续性发展。本文将探讨智能建筑与城市更新的密切关系，分析智能建筑在城市更新中的应用及其对城市可持续性的影响。

（一）城市更新与智能建筑的背景

1. 城市更新的背景

随着城市化进程不断加速，许多城市面临着老旧区域、滞后设施的问题。城市更新成为解决这一问题的重要手段。城市更新不仅涉及建筑的改造和更新，还包括了城市基础设施、交通系统、公共服务等多个方面的改进。

2. 智能建筑的背景

智能建筑是基于先进的技术手段，如物联网、大数据、人工智能等，通过智能化管理和协同运作，实现建筑内外各系统的智能化的建筑。智能建筑的发展得益于科技的进步，为城市更新提供了更多的可能性。

（二）智能建筑在城市更新中的应用

1. 建筑智能化改造

在城市更新中，智能建筑的应用主要表现在建筑的智能化改造。通过更新老旧建筑的设施，引入智能化系统，实现对建筑的远程监控、自动调节等功能。这包括智能照明系统、智能空调系统、智能安防系统等。

2. 城市基础设施的智能化升级

城市更新不仅是建筑的更新，还包括对城市基础设施的升级。智能建筑技术可以应用在城市交通系统、供水、供电等基础设施中，提升城市的运行效率和管理水平。例如，交通信号灯的智能化管理、水资源的智能调度等。

3. 智慧社区的构建

城市更新往往伴随着社区的改建和更新。通过引入智能建筑技术，可以构建更加智慧的社区。居民可以通过智能家居系统管理自己的住宅，社区管理者可以通过智能化手段更好地协调社区资源，提升社区的整体管理水平。

4. 可持续能源的整合

智能建筑还可以在城市更新中推动可持续能源的整合。通过在建筑中应用太阳能、风能等可再生能源，提升城市的能源利用效率。同时，通过智能能源管理系统，更好地协调城市能源的生产和消费，减少浪费。

5. 数据驱动城市规划

在城市更新的过程中，智能建筑技术的应用还包括对城市数据的收集、分析和利用。通过大数据技术，城市管理者可以更全面地了解城市的运行状况，为城市更新的规划提供数据支持。这有助于更科学地制定城市更新的方案，提高规划的针对性和灵活性。

（三）智能建筑对城市更新的影响

1. 提升城市运行效率

通过智能建筑技术的应用，城市的运行效率得到提升。建筑设施的智能化管理和基础设施的智能化升级使得城市各个系统能够更加协同工作，提高了整体的运行效率。

2. 优化城市资源利用

智能建筑的应用有助于优化城市的资源利用。通过数据分析，可以更好地了解城市的能源、水资源、交通等状况，从而优化资源配置，降低浪费，提高城市的可持续性。

3. 提升城市居民生活质量

城市更新中引入的智能建筑不仅提高了城市的运行效率，还对城市居民的生活产生了积极影响，智能建筑的智能家居系统、智慧社区的构建等，提升了居民的生活便利性和舒适度，增强了居民对城市的归属感。

4. 推动城市可持续发展

智能建筑的应用对城市可持续性发展有积极的推动作用。从能源利用效率的提升到资源的循环利用，再到对可持续能源的整合，智能建筑使城市更加环保、经济可持续。

5. 增强城市韧性

在面对自然灾害、社会危机等突发事件时，智能建筑的数据驱动和智能安防系统可以提高城市的韧性。智能建筑通过实时监测城市的状态，能够更快速地响应危机情况，提高城市对外部挑战的应对能力。这种强大的城市韧性有助于降低城市在面临压力和危机时的脆弱性，增强城市的稳定性和安全性。

（四）挑战与展望

1. 挑战

虽然智能建筑在城市更新中的应用带来了许多积极的效果，但也面临一些挑战。

（1）技术成本

智能建筑的引入需要投入大量的技术成本，包括智能系统的开发、设备的购置和安装等。这可能对城市更新的财政预算带来一定的压力，尤其是对于一些资源有限的城市。

（2）数据隐私与安全

大量的数据收集和共享可能引发数据隐私和安全的问题。城市更新中智能建筑系统的数据管理需要建立健全的隐私保护和安全防护机制，以防范潜在的风险。

（3）技术标准与互操作性

因为智能建筑涉及多个系统和设备，存在不同的技术标准和互操作性问题。这可能导致不同厂商的产品难以互通，影响整体系统的运行效果。因此，制定智能建筑技术的统一标准是一个亟待解决的问题。

2. 展望

面对挑战，智能建筑与城市更新的紧密关系依然具有广阔的发展前景。

（1）技术创新

随着科技的不断进步，新一代的智能建筑技术将不断涌现。新的材料、传感器、能源管理系统等技术的创新将降低智能建筑的成本，提高其性能，促使其更广泛地应用于城市更新。

（2）跨部门合作

为了解决智能建筑的互操作性和标准化问题，城市管理者需要跨部门合作，共同推动智能建筑的应用。这需要政府、企业、学术机构等各方的积极参与，共同促进技术标准的制定和推广。

（3）全球经验分享

随着全球城市智能化的的进一步推进，各城市在智能建筑与城市更新方面的经验值得借鉴。城市间的经验分享和合作可以促进最佳实践的传播，推动全球城市共同迈向智慧与可持续发展。

（4）社会参与

城市更新涉及广泛的社会利益，因此，社会的广泛参与至关重要。通过与居民、社区和业主的合作，可以更好地理解他们的需求和关切，确保智能建筑的应用更贴近市民的实际需求。

智能建筑与城市更新之间的紧密关系在当代城市发展中愈加显著。智能建筑的技术创新和应用不仅提高了城市的科技水平，还为城市更新注入了新的动力。在克服技术、隐私与安全等挑战的同时，借助全球经验分享、跨部门合作和社会参与等手段，智能建筑与城市更新有望共同推动城市向更加智慧、可持续的方向发展。通过合理规划、技术创新和社会协同，智能建筑与城市更新将为未来城市的可持续发展提供更为坚实的基础。

二、可再生能源与城市更新的创新

随着全球气候变化和能源安全问题的日益凸显，可再生能源成为推动城市更新的关键因素之一。城市更新作为城市发展的重要组成部分，需要在能源利用方面实现创新，以提高城市的可持续性、降低碳排放，并满足日益增长的城市能源需求。本文将深入探讨可再生能源在城市更新中的创新应用，分析其对城市可持续性和环境健康的积极影响。

（一）可再生能源的概念与类型

1. 可再生能源的概念

可再生能源是指在自然界中能够不断更新、不会枯竭的能源，是与地球自然循环相匹配的能源形式。与传统的化石燃料相比，可再生能源具有环保、可持续、低碳排放等优势，包括太阳能、风能、水能、生物能等。

2. 主要类型

太阳能：利用太阳辐射产生的能量，包括光伏发电和太阳热能利用。

风能：通过风力驱动风轮，产生电能。

水能：利用水流、潮汐或海浪等能源，包括水力发电、潮汐能和波浪能。

生物能：利用植物和有机废物等生物质来源，包括生物质能和生物燃料。

（二）可再生能源在城市更新中的创新应用

1. 光伏技术的普及

光伏技术是将太阳能转化为电能的一种技术，已经在城市更新中得到了广泛应用。城市中的屋顶、墙面、道路等空间可以利用光伏板，将太阳能转化为电能，为城市提供清洁的电力。

2. 风能的城市整合

在城市的不断更新中，风能的利用也成为重要的创新方向。在高楼大厦、桥梁等建筑物上设置小型风力发电设备，通过利用城市中的风力资源，为城市增加可再生电力。

3. 水能的城市应用

水能作为一种可再生能源，可以通过在城市河流、水渠等水域设置水力发电设备，利用水流产生电能。此外，城市中的污水处理厂也可以利用水能技术，提高能源利用效率。

4. 生物质能的再生利用

城市更新过程中产生的有机废弃物，如食品残渣、园林废弃物等，可以通过生物质能技术进行处理，生产生物质能源，用于供热或发电。这有助于实现城市有机废物的资源化利用。

5. 多能互补的综合利用

创新的城市更新还包括多能互补的综合利用。通过充分利用太阳能、风能、水能等多种可再生能源，实现能源的互补和平衡，提高城市能源的稳定性和可持续性。

（三）可再生能源对城市更新的积极影响

1. 降低碳排放与环境保护

可再生能源的广泛应用有助于降低城市的碳排放。相比传统的煤炭、石油等化石能源，可再生能源的利用过程中几乎不产生温室气体，对环境影响较小，有助于缓解气候变化问题。

2. 提高城市能源安全性

利用多样化的可再生能源，城市能够降低对进口能源的依赖，提高能源安全性。减少对有限资源的过度依赖，使城市更具抗风险能力，有助于应对国际市场的不确定性。

3. 创造新的经济增长点

可再生能源的推广不仅有助于环境保护，还为城市带来了新的经济增长点，新兴的可再生能源产业，如光伏产业、风电产业等，为城市创造了新的就业机会，推动了经济的可持续增长。

4. 促进科技创新

在可再生能源的推广过程中，不断涌现出新的科技创新。太阳能电池技术、风力发电技术、能源存储技术等方面的创新推动了城市更新的科技水平，为城市未来可持续发展奠定了基础。

5. 改善居民生活质量

通过可再生能源的应用，城市能够提供更为清洁、稳定的能源供应，改善居民生活质量。清洁的能源供应不仅减少了环境污染的风险，还提供了更为可靠的电力，确保了城市居民的生活便利性。例如，采用太阳能供电的居民区可以享受到稳定的电力供应，并减少对传统电网的依赖。

6. 推动城市智能化发展

可再生能源与智能城市的发展密切相关。在城市更新中，可再生能源与智能技术的融合，能够推动城市更加智能化。通过智能能源管理系统，城市可以实现对可再生能源的智能调度和管理，提高能源利用效率。

7. 增强城市社区凝聚力

可再生能源的引入也有助于建设更加环保、健康的城市社区。例如，在社区屋顶安装光伏板，通过居民共同分享可再生能源产生的电力，形成社区共享的能源模式，促进社区居民的互动与合作，增强社区凝聚力。

（四）挑战与应对策略

1. 技术成本与经济可行性

尽管可再生能源的技术不断进步，但在初期投资阶段，其设备和系统的成本仍然较高，可能成为城市更新中推广的障碍。为了应对这一挑战，城市管理者可以制定财政政策，提供补贴和激励措施，降低可再生能源的成本。

2. 基础设施建设和城市规划

可再生能源的有效应用需要合理的城市规划和基础设施建设。城市更新需要考虑到可再生能源的设施布局，以确保能源的高效利用。因此，城市规划者需要在规划中充分考虑可再生能源的整合，保证其与城市其他设施的协同发展。

3. 能源存储与稳定性

可再生能源的不稳定性是一个挑战，因为太阳能和风能等能源受天气和气候条件的影响。城市需要投资先进的能源存储技术，以储存多余的能源，来应对需求高峰期。技术创新和研发将是解决这一问题的关键。

4. 社会认知与接受度

城市居民对于可再生能源的认知程度和接受度直接影响其在城市更新中的应用。因此，城市管理者需要加强对可再生能源的宣传和教育，提高居民对可再生能源的认知，促使他们积极参与和支持可再生能源的应用。

5. 政策和法规的支持

城市更新中可再生能源的应用需要政策和法规的支持。城市管理者应该积极与政府合作，制定相关政策，为可再生能源的发展提供政策保障，这包括制定激励措施、减税政策、能源配额等，以推动城市可再生能源的发展。

可再生能源与城市更新的创新紧密相连，为城市提供了更为清洁、可持续的能源选择。通过充分利用太阳能、风能、水能等可再生能源，城市不仅能够降低碳排放、改善环境质量，还能推动经济增长、提高能源安全性。然而，要实现可再生能源在城市更新中的充分发展，依然需要克服技术成本、基础设施建设、能源存储等方面的挑战。在政府、企业、社会各方的共同努力下，可再生能源将更好地为城市更新提供可行性高、可持续性强的能源解决方案。

第五节　智能建筑与城市交通的协同

一、智能建筑对城市交通流的影响

（一）智能建筑与历史保护的冲突

城市的发展和更新不可避免地会与历史文化遗产发生冲突，尤其是在智能建筑技术快速发展的时代。传统的历史建筑和文化街区往往因城市更新而面临改建或拆迁，这引发了对于城市发展和历史文化传承之间如何取得平衡的思考。

1. 传统与现代的价值观冲突

传统的历史建筑通常代表了城市的历史、文化和社会背景，而现代的智能建筑更注重科技、效率和创新。这两种价值观之间的冲突导致了在城市更新中对于保护传统文化的犹豫，是否为了现代发展而抛弃历史遗产。

2. 城市更新对历史文化的破坏

在城市更新的过程中，为了容纳新的建筑、基础设施和交通系统，可能会对历史文化遗产进行拆迁或改建，这对城市的历史和文化传承构成潜在威胁。城市的更新是否能够在保护历史遗产的同时实现现代化，是一个需要深思熟虑的问题。

（二）智能建筑的推动作用

尽管智能建筑在一定程度上与历史文化存在冲突，但它同时为城市更新带来了许多积极的推动作用。通过智能建筑技术，城市能够实现更高效、更智能的运行，为城市发展注入新的动力。

1. 资源管理的提升

智能建筑通过引入先进的传感器技术、能源管理系统等，实现对城市资源的智能化管理。这有助于提高能源利用效率，减少浪费，推动城市走向可持续发展。但是，这也可能涉及对既有建筑的改造，可能与历史建筑保护的理念相冲突。

2. 智能交通系统的优化

智能建筑技术在城市交通方面的应用，特别是智能交通系统的推动，能够优化城市交通流，减缓拥堵，提高交通效率。这对城市居民的生活质量有积极影响，但也可能涉及城市规划对历史交通结构的改变。

（三）智能建筑与历史保护的融合路径

要在智能建筑和历史保护之间取得平衡，需要采用综合性的策略，充分考虑技术、文化和社会等方面的因素。

1. 技术手段的合理运用

在城市更新过程中，可以运用虚拟现实技术，通过数字化手段还原历史建筑，以实现对历史文化的保护。智能建筑技术也可以用于对历史建筑的数字化保护，通过数据分析和监测手段确保其完好保存。

2. 社会参与的广泛引入

在城市更新规划中，需要广泛吸纳市民的意见和建议。通过公民参与、社区研讨会等方式，让市民参与到城市更新的决策过程中，以确保城市更新的方向符合社会期望，尤其是对历史保护的重视。

3. 政府的引导和监管

政府在城市更新中扮演着关键的角色。政府需要通过相关政策的制定，明确智能建筑与历史保护的原则和标准，鼓励创新设计和科技应用，同时保障历史文化的传承。政府还需要加强监管力度，确保城市更新过程中不对历史文化造成不可逆的破坏。

在智能建筑与历史保护的平衡中，需要权衡现代化的发展与传统文化的传承。城市更新应当以可持续发展为目标，通过科技手段实现城市的智能化，同时保护并传承城市的历史文化，社会各界，包括市民、企业、政府等都应共同参与，形成协同合作的局面，以实现城市更新和历史保护的双赢。这需要全社会的共同努力，以保证城市在现代化的同时，不失去其独特的历史文化魅力。

二、智能交通系统与建筑的数据共享

（一）智能交通系统的崛起与建筑数据的关系

随着科技的快速发展，智能交通系统已经成为城市管理和规划中的关键元素。这一系统利用先进的技术，如物联网、人工智能、大数据等，来提高交通效率、减缓拥堵、优化交通流。同时，智能建筑作为城市发展的重要组成部分，其数据也变得愈发重要。所以，智能交通系统与建筑数据的共享关系愈发成为一个备受关注的话题。

1. 智能交通系统的特点与挑战

智能交通系统以其实时性、智能性和高效性成为解决城市交通问题的有力工具。它通过大量的传感器、摄像头等设备收集数据，然后通过人工智能进行分析和优化，以实现交通流的智能管理。然而，智能交通系统的发展也面临一系列挑战，包括数据隐私问题、系统互通性等。

2. 智能建筑数据的价值与挑战

智能建筑是通过嵌入式感知技术、自动控制系统等实现对建筑物环境的智能化管理。建筑数据包括能耗、空气质量、人流等各种信息。这些数据对于提高建筑的运行效率、降低能耗、提升用户体验具有巨大潜力。然而，数据的采集和共享也涉及隐私、安全等问题。

（二）智能交通系统与建筑数据的共享

1. 数据共享的优势与可能的应用场景

智能交通系统与建筑数据的共享可以带来多方面的优势。首先，通过智能交通系统收集的实时交通数据可以帮助建筑系统更好地适应城市交通状况。建筑系统可以根据交通流量、交通拥堵情况等信息进行智能调整，提高运行效率。其次，建筑数据的共享也为智能交通系统提供了更多的环境信息，有助于更精准地进行交通规划和优化。

2. 可能的应用场景

智能交通系统与建筑数据的共享在实际应用中有着广泛的潜力。例如，通过共享建筑的能耗数据，智能交通系统可以更好地预测城市能源需求，实现能源的智能调配。同时，交通系统的实时数据也可以被建筑系统利用，以优化供应链、提高建筑物的安全性等。

（三）数据隐私与安全问题

1. 数据隐私问题的考量

数据隐私一直是智能建筑和智能交通系统面临的共同挑战。建筑数据涉及用户的个人信息、居住习惯等隐私内容，而交通数据也包含着车辆、乘客的相关信息。在数据共享过程中，如何保护用户的隐私成为一个需要认真思考的问题。一旦隐私泄露，将带来用户信任的丧失，阻碍智能交通系统与建筑数据共享的推进。

2. 安全性问题的应对

建筑系统和智能交通系统的数据在传输和存储过程中也面临着被恶意攻击的风险。因此，确保数据的安全性是一个至关重要的方面。采用加密技术、安全协议等手段，建立健全的数据安全体系，成为保证数据共享顺畅和用户信息安全的必要措施。

（四）技术和法规的发展

1. 技术手段的发展

随着技术的不断进步，安全和隐私保护的技术手段也在不断创新。采用差分隐私技术、区块链技术等，可以在保障数据安全的同时，实现数据共享。此外，智能建筑和智能交通系统应当注重用户教育，加强用户对数据共享的知情权和控制权的意识，提高用户对于数据安全和隐私保护的信任感。

2. 法规和标准的制定

为了规范智能建筑与智能交通系统数据的共享，相关法规和标准也需要得到进一步的制定和完善。政府、行业协会等应当加强合作，制定明确的法规和标准，规范数据的采集、传输、存储和使用流程。这不仅有助于提升数据共享的透明度，而且有助于防范数据隐私泄露和滥用。

智能交通系统与建筑数据的共享是城市智能化发展的重要方向。未来，随着技术的不断进步和法规的逐步健全，这种数据共享将更加普及。

参考文献

[1] 姜杰 . 智能建筑节能技术研究 [M]. 北京：北京工业大学出版社，2020.

[2] 李宗锋 . 智能建筑施工与管理技术探索 [M]. 天津：天津科学技术出版社，2022.

[3] 张升贵 . 智能建筑施工与管理技术研究 [M]. 长春：吉林科学技术出版社，2022.

[4] 李明君，董娟，陈德明 . 智能建筑电气消防工程 [M]. 重庆：重庆大学出版社，2020.

[5] 张振中 . 智能建筑综合布线工程 [M]. 成都：西南交通大学出版社，2020.

[6] 方忠祥，戎小戈 . 智能建筑设备自动化系统设计与实施 [M]. 北京：机械工业出版社，2021.

[7] 陈小荣 . 智能建筑供配电与照明 第 2 版 [M]. 北京：机械工业出版社，2017.

[8] 伍培，侯珊珊，郑洁 . 土木与建筑类专业新工科系列教材 智能建筑概论 第 4 版 [M]. 重庆：重庆大学出版社，2022.

[9] 王向宏 . 智能建筑节能工程 [M]. 南京：东南大学出版社，2020.

[10] 窦志，赵敏 . 建筑师与智能建筑 [M]. 北京：中国建筑工业出版社，2023.

[11] 郑浩，伍培 . 智能建筑概论 第 3 版 [M]. 重庆：重庆大学出版社，2016.

[12] 罗国杰 . 智能建筑系统工程 [M]. 北京：机械工业出版社，2020.

[13] 宫周鼎 . 智能建筑设计与建设 [M]. 北京：知识产权出版社，2021.

[14] 李林，曾海，李威良 . 智能建筑系统工程 [M]. 广州：广东高等教育出版社，2019.

[15] 王波 . 智能建筑基础教程 [M]. 重庆：重庆大学出版社，2022.